牛的智慧养殖及装备技术

彭英琦　著

化学工业出版社

·北京·

内容简介

本书共7章，包括牛个体识别跟踪技术、牛行为监测与放牧跟踪技术、牛体重体尺自动测量与管理、牛生长过程全产业链跟踪管理、智慧牛舍管理系统终端设计、智慧养殖技术实例分析、牛智慧养殖的挑战与发展趋势。此外，还介绍了各种智慧养殖设备。

本书适用于智慧农业、畜牧学等相关专业本科生、研究生以及智能设备制造商、畜牧产业相关从业人员学习，也可作为科普读物供希望了解智慧畜牧技术的读者参考。

图书在版编目（CIP）数据

牛的智慧养殖及装备技术 / 彭英琦著. -- 北京：化学工业出版社，2024. 11. -- ISBN 978-7-122-46841-3

Ⅰ. S823-39

中国国家版本馆CIP数据核字第2024FY9150号

责任编辑：李　琰　　　　　　装帧设计：韩　飞
责任校对：王　静

出版发行：化学工业出版社
　　　　　（北京市东城区青年湖南街13号　邮政编码100011）
印　　装：北京科印技术咨询服务有限公司数码印刷分部
710mm×1000mm　1/16　印张12¼　字数119千字
2025年5月北京第1版第1次印刷

购书咨询：010-64518888　　　　　　售后服务：010-64518899
网　　址：http://www.cip.com.cn
凡购买本书，如有缺损质量问题，本社销售中心负责调换。

定　　价：88.00元　　　　　　　　版权所有　违者必究

前　言

目前，我国畜牧养殖规模呈增长趋势，但养殖产业规模化、智能化水平较低。本书由编者在广泛调研的基础上，结合我国养殖场实地养殖经验精心编制而成，力争能为相关专业领域的师生提供教学参考。

全书共7章，包括牛个体识别跟踪技术、牛行为监测与放牧跟踪技术、牛体重体尺自动测量与管理、牛生长过程全产业链跟踪管理、智慧牛舍管理系统终端设计、智慧养殖技术实例分析、牛智慧养殖的挑战与发展趋势。本书全面探讨了牛智慧养殖技术，涵盖了个体识别、行为监测、放牧跟踪、体重体尺自动测量、全产业链跟踪管理以及智慧牛舍管理系统设计等多个方面。通过案例分析与实践应用，展示了智慧养殖在提升养殖效率、保障动物福利、促进产业安全等方面的优势，并进一步描述了未来发展趋势与挑战。

全书由四川农业大学机电学院彭英琦制订编写大纲并撰稿；邹华围、胡瑞、赵永鹏、刘美琦对全书进行审读；阳宇翔、邓依凡、顾禄辉、李佳舟、姚瑶等研究生参与了素材搜集和书稿整理。

由于著者水平有限，书中难免存在一些疏漏之处，恳请广大读者批评指正。

著　者

目 录

第一章

牛个体识别跟踪技术

第一节
概　括

　　智慧畜牧业是畜牧现代化发展的重要方向，是传统畜牧业转型升级，促进乡村振兴的重要途径[1]。随着 5G、人工智能与物联网技术的发展，牛养殖产业模式由小群体、大规模逐步向集约化、规模化、智能化的方向发展。近年来，随着精准农业（Precision Agriculture）等概念的提出，根据实际饲养环境中的牛特性及需求，为其量身定制独特的养殖方案，成为当下的研究热点[2]。精准化养殖离不开牛档案的建立以及日常管理信息的记录，这些都需要对牛进行准确的个体识别跟踪[3]。通过对牛的个体识别，养殖户可以更好地了解并掌握每头牛的生长数据、饲料摄入量和生理状态，从而制订更为合理的饲养和繁殖计划。此外，由于每头牛的个体差异，通过个体识别技术能够合理区分牛只，避免非适龄或质量较低的牛占用宝贵资源。在挤奶环节，只有适龄且健康的奶牛才适合进行挤奶操作，通过个体识别可以准确找到这些奶牛，提高挤奶效率和奶质。在屠宰环节，通过识别牛的生长数据和健康状况，可以选择最佳屠宰时间和对象，从而提高肉品的产出量和质量。通过预测牛个体的疾病发生趋势，养殖户可以有效进行预防，从而降低牛的患病率及治疗费用。这种预测和预防措施不仅能保护牛的健康，还能显著提高牧场的经济效益。

目前，常用的个体识别技术包括电子耳标、生物特征识别和射频识别（Radio Frequency Identification，RFID）等。通过为牛佩戴带有不同 ID 编码的电子耳标，可实现对牛的快速识别和数据记录[4]；生物识别利用牛的面部特征、身体花纹特征等进行个体识别，具有非接触、准确度高的特点[5]；RFID 通过植入或佩戴芯片，完成自动识别和信息采集[6]。此外，物联网技术的应用，使得对牛的体温、运动量、饲料摄入量等数据的实时采集成为可能。利用大数据和人工智能技术可以分析上述数据，从而为每头牛制订科学的饲养方案，提高养殖效益。

第二节
基于电子耳标技术的牛个体识别

现代畜牧业中，RFID 技术逐步成为提升养殖管理效率与精准度的关键手段。生产制造业不断发展，RFID 标签与阅读器的生产成本也随之逐渐降低，这为 RFID 技术在畜牧业的广泛应用创造了有利条件。在肉、奶牛现代化养殖过程中，RFID 技术具有非接触、批量读取、高速移动识别及穿透性强等特点。该技术为畜牧业智能化管理环节中牛的身份识别与追踪、饲料管理与疾病防控、肉奶制品质量追溯、牧场精细管理等环节提供了技术基础。

一、RFID 技术原理

在传统养殖管理中，对牛的追踪管理往往通过人工观察与登记，不仅耗时耗力，还易出错。而 RFID 技术通过无线方式传输数据，无须直接接触动物即可实现精准识别，提升了识别的便捷性和效率。通过在项圈、耳标、在体芯片中使用 RFID 无线技术能够实时跟踪牛的各项数据指标，并将数据传输至数字化管理系统，实现了对牛的生物资产、生长、繁殖、疾病情况的实时监控与预警。

RFID 技术的核心架构由标签、读写器、天线及数据处理系统四部分构成，如图 1-1 所示。标签作为信息的载体，通过其内置芯片为识别目标分配了唯一的电子编码。在养殖环节中，标签如同牛的"身份证"能够存储并传输包括牛身份、品种、年龄、产地、疾病记录等信息，并通过射频信号与读写器进行通信，实现信息的无线传输。

天线对标签与读写器之间的射频信号进行传输。无线电波在牛舍传输过程中会受到环境因素的影响。牛舍环境因素较为复杂，如圈舍设施、牛、建筑等障碍物均会影响 RFID 系统的稳定性和可靠性。因此，需通过优化天线布局、提升信号处理能力等方式，确保 RFID 系统在养殖环境中的高效通信。

标签　　　读写器　　　天线　　　数据处理系统

图1-1　RFID结构原理图

读写器通过天线实现读取和写入标签信息的功能。读写器包括传送器、接收器和微处理器，主动发送射频信号并接收来自标签的响应信号，为畜联网中的牛管理提供了可靠的数据来源。数据处理系统是对读写器读取储存的数据进行处理与分析的关键环节，能够实现对数据的快速存储、分析与管理，为用户提供数据查询与统计功能，还能为精细养殖管理提供科学的决策支持。

二、RFID 身份识别电子耳标

基于电子耳标的牛个体识别技术是现代畜牧业中广泛应用的一种精准化管理手段。电子耳标通过为每头牛绑定不同的 ID 验证码，完成牛个体的数字档案建立。这种技术不仅提高了养殖管理的效率，还为智慧畜牧业的发展奠定了基础。电子耳标通常由一个小型的电子标签和一个识别器组成。电子标签内置唯一的识别码，当牛佩戴电子耳标后，识别器可以通过无线电波（RFID 技术）读取标签中的识别码，从而实现对牛的识别。识别器可以安装在牛棚入口、饲料槽、饮水器等关键位置，当牛经过时，自动完成识别和数据采集。电子耳标如图 1-2 所示。

图1-2　牛耳标实物图

电子耳标不仅用于个体识别，还能记录和传输大量的管理数据。通过与物联网技术相结合，养殖场可以实时采集牛的体温、运动量、饲料摄入量等信息。这些数据通过无线网络传输到中央数据库，由大数据平台进行存储和分析。养殖场管理人员可以通过计算机或移动设备实时查看牛的健康状况和行为数据，从而及时发现和处理异常情况。具体应用场景包括健康监控、饲料管理、繁殖管理和溯源管理。通过电子耳标实时监测牛的体温和活动量，及时发现发热、疾病等健康问题，减少疾病传播，提高牛群健康水平。

电子耳标技术具有高效性、准确性和实时性的优势。它实现了自动化识别和数据采集，提高了工作效率，提供了精准的个体识别和管理数据，避免了传统人工记录的误差。通过无线传输技术，实时获取牛的健康和行为数据，便于及时管理和决策。然而，其设备需要定期维护和更新，技术人员的培训和设备维护成本也是一项挑战，可能对中小型养殖场造成人力成本的压力。

三、RFID 身份识别在体芯片

牛身上植入或佩戴带有唯一电子编码的 RFID 芯片，实现了对牛的快速、准确识别。这种非接触式的识别方式不仅提高了管理效率，还避免了传统识别方法中的误差和遗漏，为养殖场的精细化管理提供了有力支持。

与电子耳标相比，基于 RFID 芯片的牛个体识别技术具有更高的识别精度和更远的识别距离。RFID 芯片利用射频信号进行数据传输，能够在复杂环境中稳定工作，确保每一头牛都能被准确识别。此外，该技术还能与物联网、大数据等现代信息技术相结合，实现牛健康状态、饲料消耗、运动量等信息的实时监测和数据分析，为养殖决策提供科学依据。

基于 RFID 芯片的牛个体识别技术具有广阔的应用前景。它不仅提高了养殖管理的自动化和智能化水平，降低了人力成本和时间消耗，还促进了养殖业的可持续发展。随着技术的不断进步和成本的逐渐降低，该技术有望在更多养殖场得到推广和应用，为畜牧业的转型升级和高质量发展注入新的动力。同时，也需要关注数据安全和隐私保护等问题，建立完善的数据管理和安全保障体系，确保技术的安全、可靠运行。

四、基于 RFID 技术的饲料与疾病防控管理

在精准畜牧养殖环节中，牛的健康福利水平与生产效率是节本增效的关键。RFID 技术的引入实现了牛的自动身份识别，在此基础上为实现疫病高效防控、提升养殖效率、精准饲喂管理与饲料库存管理奠定了应用基础。

在饲料管理方面，RFID 技术通过为饲料产品附上唯一的电子标签，实现了饲料的全程可追溯性。这些标签如同饲料的"身份证"，存储了饲料的成分构成、生产日期、保质期、产地来源等关键信息。借助 RFID 读写设备，养殖人员可以迅速读取并记录饲料的入库、出库及使用情况，有效避免过期饲料的误用，优化库存管理，减少浪费。同时，系统能够根据动物的不同生长阶段和营养需求，结合 RFID 数据，自动调整饲料配方，实现精准饲喂，提高饲料转化效率，促进动物的健康生长。

疾病防控领域，RFID 技术的应用同样具有重要意义。通过为每只动物佩戴含有 RFID 芯片的耳标或项圈，建立了完善的动物个体识别系统。这一系统不仅记录了动物的基本信息，如出生日期、品种、性别等，还能与动物的健康档案紧密相连，实现健康数据的持续追踪和更新。当动物出

现异常情况时，兽医可以即时通过 RFID 设备查询其健康记录，迅速获取病史信息，为疾病的准确诊断提供有力依据。

此外，RFID 技术还助力构建了疾病预警与快速响应机制。通过持续监测动物的体温、活动量、进食量等生理指标，并结合大数据分析技术，系统能够及时发现异常变化，预警潜在的疾病风险。一旦确认疫情，系统能够迅速锁定受感染动物及其接触群体，为养殖场提供精准的隔离和治疗建议，有效控制疫情扩散，保障养殖场的生物安全。

第三节
基于图像处理技术的牛个体识别

一、图像采集原理与设备安装

（一）RGB 相机

1. RGB 相机工作原理

RGB 相机的每一个像素点都由红、绿、蓝三个独立通道组成。当光线击中像素点时，每个通道内的光电二极管便如同微型光敏开关，根据入射光的不同波长和强度进行响应，RGB相机的光电二极管将捕捉到的光信号直接转换为电信号。随后，模拟电信号通过模数转换器的精细处理，被转换成数字信号。常见的RGB安装示意图如图1-3所示。

图1-3　RGB相机安装与监控画面图

2. RGB 数据的采集与分析

RGB相机的图像数据为牛的行为、生长情况、福利水平的实时监测提供了丰富的视觉信息。RGB相机捕捉红、绿、蓝三个颜色通道数据，三个通道的协同工作共同决定了图像中每个像素所呈现出的具体颜色。每个通道的值域一般为0～255，0表示该颜色的强度最低，而255则表示该颜色的强度最高。在图像处理中，仅使用RGB颜色空间不足以满足提取牛生物特征的需求。因此，可以将 RGB 图像转换为 HSV（色调、饱和度和亮度）或 YUV（亮度分量与两个色差分量）图像，更好地分离图像的亮度和色度信息，精确反映牛养殖环节中牛的面部、体尺、花纹、养殖设施、环境等多目标颜色信息。在采集牛相关 RGB 图像后，编写程序读取图像的宽度、高度以及每个像素的 RGB 值等信息。接着对图像进行去噪、增强对比度、调整亮度等预处理。其中，去噪是图像预处理中的基础操作，图像中会随机出现由于传感器故障、传输错误或复杂养殖环境等原因而产生的孤立像素点或小块区域。可通过高斯滤波、中值滤波或双边滤波等滤波方法抑制噪声的同时保护图像的边缘和细节信息。除此之外，通过调整像素值范围或者应用如直方图均衡化、对比度拉伸等方法实现图像的目标区域对比度增强。在完成图像的预处理与特征提取后，从 RGB 图像中提取边缘、纹理等重要特征信息是图像处理中的关键步骤，这些特征信息将用于后续的目标识别、行为分类、牛轮廓分割等任务。最后使用机器学习和深度学习模型完成对图像中牛的行为监测、体重体况估算、养殖环境评估、疾病预测与诊断等后续任务。

在大型养殖基地实现对大量动物的实时监控与数据分析时，众多 RGB 摄像头产生的海量数据对存储和传输系统提出了高要求。因此，在构建智能化养殖系统时，需充分考虑数据压缩、传输效率以及云存储等技术的应用，以确保数据的及时性和有效性。同时，在边缘计算设备上部署高效的人工智能算法也是必不可少的，在完成高精度分析任务的前提下，减少计算资源消耗，提升系统整体性能。

（二）红外相机

1. 红外相机工作原理

红外相机通过捕捉动物发出的红外辐射，将不可见的热辐射转换为可视化的图像，直接反映被测动物的温度强度与分布，生成动物体表的温度分布图，为养殖者和科研人员提供直观的动物体温信息，如图1-4所示。相较于传统的接触式测温方法，使用红外相机测量动物体温在避免交叉感染的同时能够减少动物因应激反应而产生的不适。同时，其高灵敏度的探测能力，使得即便是微小的温度变化也能被及时发现，为疾病的早期诊断提供了可能。通过定期或实时的体温监测，养殖者能够及时发现体温异常的牛个体，并采取相应措施，保障整个牛群的健康福利水平。

红外相机具备大范围监测的能力，能够同时覆盖多个目标区域，实现高效率的动物体温监测。另外，红外相机不受光照条件等环境因素的限制，可实现24小时不间断工作。在夜间或恶劣天气条件下，传统人工体温监测往往难以进行，使用红外相机则能确保数据的连续性和准确性。通过数据分析，养殖者可以更加精准地掌握动物的健康状况、生长趋势及环境变化对它们的影响，从而制订出更加科学合理的养殖计划。

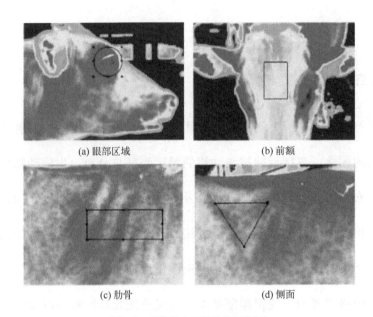

(a) 眼部区域   (b) 前额

(c) 肋骨   (d) 侧面

图1-4　身体特定区域的热图像[7]

2. 红外数据的采集与分析

相较于 RGB 图像，红外热成像作为一种非接触式、高灵敏度的监测手段，通过捕捉动物体自身发出的红外辐射，能够在夜间或恶劣天气条件下实现生物信息的有效监测。

红外相机通过其内置的高精度红外传感器，能够迅速将红外辐射转化为可视化的热图像数据。热图像不仅直观地展示了牛体表的温度分布，还蕴含了丰富的生物信息。牛面部由于毛发覆盖较少能被捕捉更精确的热辐射信息。因此，实验中通常将红外相机安装于食槽、饮水槽等能采集到正面牛脸的位置，用于后续进行牛脸识别、体温检测、生物信息分析等任务。上述热图像数据可以实时传输至计算机终端或云端服务器，确保数据的即时性与可访问性。

经过特征提取算法与时间序列预测模型分析，热成像数据可呈现出牛个体的温度分布信息及变化趋势。通过牛脸识别身份后，基于设定的温度阈值自动识别并标记出体温异常的牛。结合行为、活动量等其他生物信息综合分析后系统将生成预警信息，并可通过多种渠道通知养殖人员或农户，便于及时采取措施进行干预。

通过横向、纵向对比不同时间点不同牛的红外图像数据，分析牛体温在不同季节、养殖环境以及不同行为模式下的温度变化，从而揭示其生理状态与环境适应能力。在此基础上，结合光照、温湿度、风速等环境参数可构建更为全面的环境参数分析模型，为舍饲养殖环控提供重要信息。

（三）深度相机

1. 深度相机工作原理

深度相机是牛体况体重信息监测的重要感知设备。与二维图像相比，深度相机能够捕捉和测量牛的三维信息，提升需要的深度信息的牛体尺、体重估算、细微行为分类等任务的精度。深度相机硬件结构图如图1-5

所示。其工作原理主要基于结构光、双目立体视觉和飞行时间（Time of Flight，TOF）技术。

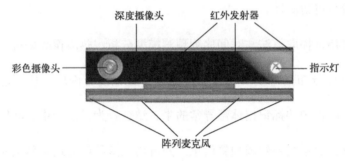

图1-5 深度相机硬件组成

结构光技术通过将特定编码光图案投影到被测目标，通过计算摄像头捕捉变形后的光栅图像，提供出物体表面的三维坐标信息，具有精度高、分辨率高等优点，但由于光照条件对该技术影响较大，在复杂的牛养殖环境中其测量范围将受到限制。

双目立体视觉技术模拟人类双眼视觉原理，通过两个并行的摄像头从不同视角捕捉同一目标图像，通过算法进行视差计算和三维重建，实现对目标物体深度信息的估算。

TOF技术则是通过发射光脉冲并测量其从发射到返回接收器的时间差来计算目标物体的距离。深度相机通过计算每个像素点精确的距离值构建高精度的3D模型。TOF技术具有抗干扰能力强、测量范围广的特点，适用于舍饲牛的目标检测与定位。TOF 相机对光源要求较高，在实际应用中需根据具体应用场景和需求选择合适的深度相机技术。

2. 深度相机数据的采集与分析

深度相机能自动精准测量牛的体尺体重信息。为使深度相机能对牛的背、侧面进行完整扫描获取其三维体型数据，通常将深度相机安装在牛舍顶部、向导圈的顶部和侧部位置。深度相机所提取的标准姿态牛图像中通常包括体长、体高、胸围在内的体型特征。进一步通过图像处理深度学习算法和三维建模技术可计算其关键尺寸和比例关系并估算牛的体尺体重。也可通过深度相机获取牛体表面的三维点云数据，采用点云重建技术生成三维模型估算牛体重。结合历史数据和生长曲线，可以对牛的生长率进行预测和监控，对母牛的繁殖性能进行评估，为牛的育肥、繁殖、生产提供科学、量化的决策依据，助力养殖户优化饲养管理策略，提高繁殖效率和动物福利水平。

深度相机能同时提供二维图像与深度信息，在捕捉牛的静态体型数据的同时，还能实时获取牛群的活动路径与行为模式。因此在牛舍或牧场中部署深度相机时，需将相机部署于牛舍顶部等能覆盖到大部分监测区域的位置。通过计算牛群的三维空间信息，可以更准确地判断牛的位置、姿态和动作轨迹。结合二维图像信息，可以进一步分析牛的行为模式与姿态，提高识别精度。

二、牛个体识别图像分析算法

（一）卷积神经网络

1. 原理

卷积神经网络（Convolution Neural Network，CNN）是一种专门用于处理具有网格结构数据的深度学习网络。卷积神经网络通过卷积层、池化层和全连接层等结构来提取图像中的特征实现对图像的分类识别。

卷积层是卷积神经网络的核心部分，它通过使用滑动窗口和卷积核来扫描图像提取出图像的局部特征。每一个卷积操作都可以看作是对图像的一小部分进行加权求和的过程，这个加权函数就是卷积核。通过不同的卷积核提取图像的边缘、纹理、颜色等特征。池化层的作用是降低特征图的维度和计算复杂度。该步骤有助于减少模型的参数数量，在防止过拟合的同时增强特征的不变性。最常见的池化操作是最大池化，即从每个特征图的 2×2 区域中取出最大的值作为输出。全连接层位于卷积神经网络的末端，它的作用是将提取到的特征进行分类。在全连接层中，每一个输入节点都与每一个输出节点相连，因此可以学习到从特征到类别的映射关系。全连接层通常在最后会将特征向量转化为具体的类别概率分布。卷积神经网络的结构如图 1-6 所示。

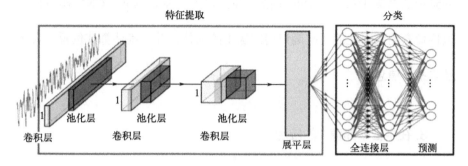

图1-6　CNN网络架构[8]

2. 特点

卷积神经网络能够自动从庞大的原始图像数据中挖掘并抽象出深层次、复杂且极具判别性的特征表示，这对于图像的识别、分类、深入分析等任务非常重要。CNN 通过模拟人脑视觉皮层的层次化信息处理机制，实现了对图像的多层次特征学习与表示。从最初的像素矩阵开始，网络能够自动捕捉并识别低级的视觉特征，如边缘、纹理、颜色等。随着网络层级的深入，这些低级特征逐渐被整合并抽象为包括形状、结构模式等高级别的概念特征。

在图像识别与物体检测等任务中，CNN 模型展现出了较高的准确性和鲁棒性。利用大量的图像数据作为学习素材，通过深度神经网络结构自动提取并学习到丰富的图像特征，这些特征对光线变化、尺度变化、旋转、形变等多种复杂图像变换均具有良好的不变性。因此，即便面对实际场景中的背景干扰、多目标重叠、部分遮挡等复杂问题，CNN 模型也能保持稳定的识别性能，准确识别图像中的物体，并精确估算其位置、大小及姿态等信息。

3. 在牛智慧养殖中的应用

卷积神经网络在精细农业与动物行为研究领域展现出了巨大的应用潜力，特别是在分析牛的图像数据方面。通过部署摄像头捕捉牛群活动的实时图像，并应用经训练后的 CNN 模型，可以对每头牛的行为进行精确识别和分类。这不仅限于基本的采食、站立、躺卧状态识别，还能深入洞察并分类呼吸、反刍等更复杂的行为模式，为牛的行为监测与管理提供了高效、自动化的解决方案。

为了进一步提升牛行为分类的准确性和鲁棒性，研究人员将 CNN 与多种传感器数据（惯性传感器）进行融合。惯性传感器（Inertial Measurement Unit）能够捕捉牛的细微姿态变化，而超宽带（Ultra Wide Band，UWB）传感器则能精确记录每头牛的移动路径。这种多模态数据融合的方法，使算法能够综合学习来自不同维度的信息，从而更全面地解析牛的行为特征。即便在环境复杂多变的情况下，这种综合分析方法也能确保分类结果的准确性和稳定性。

（二）循环神经网络

1. 原理

循环神经网络（Recurrent Neural Network，RNN）是一种深度学习框架，特别适用于处理具有时间依赖性或顺序性的序列数据，如音频信号、视频帧、时间序列数据等。其核心特点是引入了循环连接，即网络在接收当前时刻输入的同时，还能接收到前一时刻隐藏状态的信息，这种特性使得 RNN 能够展开历史信息，捕捉序列中相隔较远元素间的依赖关系。

RNN 的基本结构包含输入层、隐藏层和输出层。在每个时间步长，输入层接收新的数据，隐藏层则处理并传递内部状态，而输出层则根据当前的输入和历史状态生成预测或分类结果。与传统前馈神经网络相比，RNN 的一个显著区别在于其权重矩阵在时间维度上共享，这使得网络能够在处理不同位置的数据时保持相同的参数设置，增强了模型的泛化能力。RNN 网络的结构如图 1-7 所示。

由于其内部状态的传递性，RNN 能够处理变长序列数据，并在处理过程中不断更新和累积内部状态，以反映序列的动态变化特性。这使得 RNN 在处理诸如句子、文章、音频片段或视频片段等序列数据时，能够有效地挖掘出其中蕴含的逻辑关系和上下文信息。

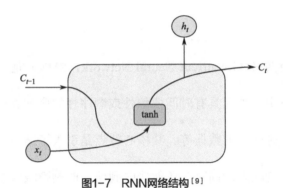

图1-7 RNN网络结构[9]

2. 特点

作为深度学习领域中一类专门针对序列数据设计的模型，RNN网络在处理文本、语音以及时间序列等复杂序列数据时展现出卓越的能力。这些模型的核心优势在于能够深刻捕捉序列中元素间的时间依赖关系，这对于解析数据中的动态变化模式、预测趋势以及理解上下文连贯性至关重要。从分析文本中的情感流动到识别语音信号中的时序特征，再到精准预测金融市场的未来走势，这些模型均展现出了极高的实用价值。

尽管这些模型在处理序列数据时表现出色，但也面临着一些挑战。其中最显著的问题是梯度消失或梯度爆炸现象，这可能在模型训练过程中导致学习效率下降或难以收敛。为了解决这些问题，研究人员在此基础上提出了多种改进模型，如长短期记忆网络（Long Short-Term Memory）和门控循环单元（Gated Recurrent Unit）等，这些改进模型通过引入特殊的记忆单元和门控机制，有效地管理了序列信息的传递，从而提高了模型的稳定性和性能。因此，在选择和应用序列处理模型时，需要综合考虑其优势与局限性，以确保模型能够满足特定任务的需求。

3. 在牛智慧养殖中的应用

在动物行为学领域，尤其是针对牛这种具有复杂行为模式和显著周期性活动特性的生物，循环神经网络作为一种先进的深度学习算法，表现出优异的应用潜力。与卷积神经网络侧重于对静态图像的分析不同，RNN 能够捕捉时序特征，更好地对动物行为的动态变化过程进行建模。

通过在牛视频图像序列上应用 RNN，可以实现对单个牛的实时个体检测与行为识别。RNN 模型能准确定位图像中牛的位置与边界框，确保目标识别的准确无误。随后，RNN 利用其强大的内部记忆单元，紧密追踪牛在连续视频帧中的变化情况，从而识别其正在进行的行为，如采食、站立、行走等。这一过程不仅揭示了牛的空间位置变化，更揭示了其行为模式的动态演变。

RNN 网络的关键在于其能够记住过去的输入信息，从而更好地预测当前时刻的输出。常见的 RNN 架构包括简单 RNN、长短期记忆（LSTM）

单元和门控循环单元（GRU）等，它们在牛行为建模中都展现出不错的性能。通过合理选择 RNN 网络结构和超参数，可以进一步提升行为识别的准确率和鲁棒性，为畜牧业生产、动物福利监测以及疾病预防等领域提供重要的技术支持和决策依据。

（三）长短期记忆单元

1. 原理

长短期记忆（Long Short-Term Memory，LSTM）单元是一种改进的循环神经网络（RNN）架构，尤其针对长时间序列数据的处理问题进行了优化。在传统的循环神经网络中，随着序列长度的增加，梯度可能随着反向传播过程逐渐消失或爆炸，导致模型无法有效地学习和保留长期依赖关系。

LSTM 单元通过引入三个关键的门控机制——遗忘门、输入门和输出门，成功地解决了这个问题。这些门结构基于当前的输入和上一步的隐藏状态，通过 Sigmoid 激活函数来决定信息的通过程度，从而精细地调节信息的流动。LSTM 单元的结构如图 1-8 所示。

遗忘门决定从细胞状态中丢弃哪些信息，输入门控制哪些信息应该被新的输入更新所替代，而输出门则确定哪些信息应该被传递到下一个时间步的隐藏状态。这种精细的控制使得 LSTM 单元能够在处理长

序列时保持并有效利用长期依赖关系，从而显著提升模型的记忆能力
和预测精度。

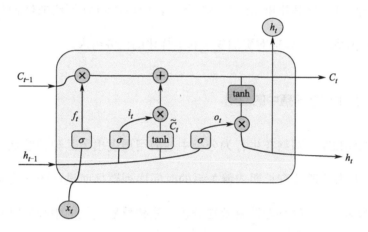

图1-8　LSTM单元结构[9]

2. 特点

RNN-LSTM 网络通过引入独特的"门"机制，即输入门、遗忘门和
输出门，有效地解决了传统 RNN 在处理长序列数据时面临的梯度消失和
梯度爆炸问题。这些门控机制允许网络在每一步的更新中，对信息的流动
进行精细的控制，从而确保了长期依赖关系的有效捕捉和记忆。这种设计
使得 RNN-LSTM 网络能够在处理牛行为等序列数据时保持长时间的记忆
能力，对于理解和预测数据中的动态变化模式至关重要。

此外，RNN-LSTM 网络还具有良好的泛化能力和可扩展性。通过在大规模数据集上进行训练，RNN-LSTM 网络可以学习到输入数据中的普遍规律和特征，并将这些知识应用于新的、未见过的数据上。同时，随着计算资源的不断提升和算法的不断优化，RNN-LSTM 网络的结构和规模也可以不断扩大，以应对更加复杂和多样化的任务需求。

3. 在牛智慧养殖中的应用

RNN-LSTM 网络在牛行为分类中的应用展现出了其独特的优势。作为一种专为处理具有长期依赖关系的时间序列数据而设计的深度学习模型，RNN-LSTM 网络能够有效地分析先进传感器收集的牛行为时间序列数据。这些传感器技术，包括无线传感器网络、摄像头监控系统以及带有北斗定位功能的智能项圈等，能够实时捕捉并记录牛的多种行为特征，如头部姿态、四肢动作、身体姿态调整、运动速度、步态周期以及位置移动轨迹等。这些连续记录的数据形成了一个庞大的时间序列数据库，为深入分析牛的行为模式提供了丰富的数据基础。

在牛行为分类的任务中，RNN-LSTM 网络模型凭借其内部记忆单元和门控机制的独特设计，能够克服传统 RNN 在处理长序列数据时面临的梯度消失或梯度爆炸问题。RNN-LSTM 网络能够捕捉并保留长时间间隔内行为数据之间的依赖关系，这对于识别和理解牛行为中的连续动态变化至关重要。该模型能够自动从时间序列数据中提取关键特征，识别出不同的行为模式，如采食、躺卧、蹭痒、发情、反刍等，从而为畜牧业生产、动物福利监测以及疾病预防等领域提供有力的技术支持和决策依据。

（四）单次多框检测器算法

1. 原理

单次多框检测器（Single Shot MultiBox Detector，SSD）算法是一种基于深度学习的目标检测算法。SSD 算法通过融合多尺度特征图，可实现对不同大小目标的精准识别。它利用一个基础网络（如 VGG16）进行初步的特征提取，随后通过附加的卷积层进一步丰富特征层次，生成一系列不同分辨率的特征图。

在这些特征图的每一个位置上，SSD 算法设置了多个预设的默认框（Default Boxes），这些默认框具有不同的尺寸和长宽比，以覆盖图像中可能出现的各种目标形状。算法会预测每个默认框的偏移量，使其更准确地贴合实际目标边界，并同时输出一个置信度分数，表示该框内存在目标的可能性及边界框的准确程度。此外，SSD 算法还会为每个检测到的目标分配一个类别标签，并给出相应的类别置信度。

SSD 算法的核心优势在于其结合了多尺度特征图的丰富信息与默认框的高效匹配机制，使得算法能够在单次前向传播中同时完成目标的定位与分类。这种设计不仅简化了检测流程，还通过并行处理多个尺度的特征，显著提高了对小目标的检测能力。同时，SSD 算法也通过不断优化网络结构和训练策略（如引入特征金字塔网络以增强特征融合），在保持高速检测的同时，不断提升检测精度，满足各种实时应用场景的需求。

2. 特点

SSD 算法以其多尺度检测和高效性能在实时目标检测领域脱颖而出。该算法通过在不同层次的特征图上进行预测，充分利用了多尺度特征信息，有效提升了对不同大小、形状和位置物体的检测能力。与此同时，SSD 算法采用一步到位的检测方式，直接在网络中完成目标识别和位置预测，简化了检测流程，使得检测速度远超 two-stage 方法，满足了实时应用的需求。此外，SSD 算法还通过引入 anchor boxes 机制和多尺度特征图融合，进一步提高了检测的准确性，特别是在处理小物体时表现出色，展现了其在实时性和准确性之间的良好平衡。

它不仅能够在不同尺度的特征图上捕捉目标的详细信息，还通过优化网络结构和检测策略，实现了对各类物体的精准识别和快速定位。这种集高效性与准确性于一身的特性，使得 SSD 算法在自动驾驶、视频监控、机器人导航等众多领域具有广泛的应用前景。

3. 在牛智慧养殖中的应用

SSD 算法在牧场管理中展现出了卓越的能力，特别是在牛个体识别方面。该算法能够实时捕捉牧场中每头牛的位置，通过精准的边界框检测和类别识别，不仅实现了牛数量的快速统计，还能进行牛个体的区分与识别。这一技术革新显著提升了牧场管理的效率，为牛群的健康监测、疾病防控及繁殖管理提供了强有力的支持。尽管 SSD 算法不直接进行姿态识别，但它是构建高效姿态识别系统的关键预处理工具。通过对牛位置和大小的精确检测，SSD 算法为后续复杂的牛姿态估计模型提供了高质量的输入数据，从而有效提升了姿态识别的准确性和稳定性。这一功能对于研究牛行为姿态、评估其健康状况及生产性能具有重要意义，为畜牧业科研与生产管理开辟了新的视野。

在牛个体跟踪领域，SSD 算法同样发挥了重要的作用。结合如卡尔曼（Kalman）滤波和 SORT 等先进的跟踪算法，SSD 算法能够实现对牛行为的连续、稳定监测。即使在面对目标遮挡和移动等复杂场景时，SSD 算法也能有效避免跟踪中断，确保数据的完整性和连续性。这有助于深入理解牛群的社会行为、活动模式以及潜在的疾病传播风险，从而为畜牧业的可持续发展提供了有力的技术支持。

（五）YOLO 算法

1. 原理

YOLO（You Only Look Once）算法是一种高效且广受欢迎的实时目标检测算法，它属于 one-stage 检测方法的范畴。该算法的核心创新在于其独特的检测流程，即只需一次前向通过网络即可同时完成图像中多个目标的识别和定位。具体而言，YOLO 算法将输入的图像划分为一个 $S \times S$ 的网格系统，每个网格负责预测其内部可能存在的目标对象。对于每个网格，YOLO 算法会预测出 B 个边界框（Bounding Boxes）作为候选区域，旨在覆盖并精确定位图像中的目标物体。与此同时，算法还会为每个边界框分配一个置信度分数，该分数反映了边界框内确实存在目标物体的概率以及边界框预测的准确度。此外，YOLO 算法还会为每个检测到的目标预测其所属的类别，并给出相应的类别概率。

YOLO 算法的核心优势在于其利用了单一的卷积神经网络来直接从整个图像的特征图中提取信息，进行边界框的预测和类别的分类。这种端到端的设计不仅简化了检测流程，还显著提升了检测速度，使其能够满足实时应用的需求。同时，通过不断优化网络结构（YOLOv8 使用 C2f 模块代替 YOLOv5 中的 C3 模块，在保证轻量化的同时获得更加丰富的梯度流信息）和训练方法，YOLO 算法在保持高速检测的同时，也保持了较高的检测精度。

2. 特点

YOLO 算法以其卓越的检测速度在实时应用领域中脱颖而出。借助深度卷积神经网络的优化，特别是 YOLOv8 和 YOLOv9 等最新版本，该算法能够以极高的帧率处理视频流和静态图像中的目标检测任务。这种实时性能使得 YOLO 算法成为安全监控、自动驾驶、增强现实以及机器人视觉等低延迟、高效率需求场景的理想选择。

YOLO 系列算法采用端到端的训练方式，简化了目标检测系统的设计和实施过程。这种训练模式直接从原始图像输入映射到目标位置和类别概率的输出，无须复杂的预处理或中间步骤。通过反向传播算法调整网络权重，YOLO 算法能够高效地学习并优化预测框的准确性和类别识别的能力，从而在保持高效的同时，也确保了检测的准确性。

YOLO 算法在目标检测过程中考虑全局信息，这一特点使其在处理物体间遮挡问题时表现出色。即使面对多个目标相互重叠或部分遮挡的复杂场景，YOLO 算法也能通过分析整个图像的内容来有效识别和定位每一个目标。这种全局视图的能力显著提高了遮挡情况下目标检测的准确性和稳定性，进一步增强了 YOLO 算法在多样化和挑战性环境中的适应能力。

3. 在牛智慧养殖中的应用

在现代化农场管理中，牛的个体识别是至关重要的一环。通过应用 YOLO 目标检测算法，农场可以构建高效的个体识别系统。该系统能够迅速而准确地在牛群中定位每一只牛，并为其分配独特的身份标识。利用深度学习的强大能力，YOLO 算法经过训练后能够区分不同品种、性别和年龄段的牛，确保每次检测都能精确无误。这不仅实现了对牛数量的实时统计，还为后续的精准监控和管理提供了坚实的数据基础。

随着 YOLO 算法的不断演进，如 YOLOv8 等最新版本已经将姿态识别技术引入到畜牧业中。这一突破使得系统能够识别并追踪牛的身体关键点，从而精准描述出它们的姿态结构。站立、躺卧、行走等姿态的变化，不仅反映了牛的生理状态，还与其健康状况、行为舒适度及环境适应性紧密相关。通过姿态识别，养殖者可以更加科学地评估牛的需求，制订个性化的饲养管理方案，提升养殖效益和动物福利。

此外，YOLO 算法与跟踪算法的结合，为牛行为检测与跟踪提供了强大的技术支持。这一技术能够在连续的视频流中实时跟踪牛的位置变化，并分析其行为模式。无论是行走路径的规划、聚集分散的态势，还是采食习惯和休息频率的监测，系统都能给出详尽的数据分析。这些行为数据不仅有助于揭示牛群内部的社会交互关系和生活习惯，还能及时发现潜在的健康问题或行为异常，为畜牧业的管理决策提供有力依据。通过这种智能化的监测方式，农场能够显著提升管理效率，确保牛的健康成长。

（六）DeepSORT 跟踪算法

DeepSORT（Deep Simple Online and Realtime Tracking）算法是一种前沿的、基于深度学习的多目标跟踪算法，由 OpenCV 团队开发并广泛应用于计算机视觉领域。该算法通过深度神经网络模型对视频流或实时摄像头数据进行处理，能够在连续帧之间准确关联和跟踪多个目标，无论是行人、车辆还是其他动态物体。DeepSORT 算法在实时性和准确性之间取得了良好的平衡，适用于各种场景下的多目标跟踪任务。

1. 核心组件

DeepSORT 算法结合了深度学习和卡尔曼滤波技术，通过卷积神经网络进行目标检测，并利用卡尔曼滤波器进行目标状态预测和数据关联，从而实现目标的连续跟踪。该算法是 SORT（Simple Online and Realtime Tracking）算法的扩展，通过引入深度学习特征提取，提高了跟踪的准确性和稳定性。

在目标检测阶段，DeepSORT 算法采用卷积神经网络（CNN）进行特征提取和目标检测。CNN 能够自动学习和提取目标的深层特征，从而更准确地识别和定位目标的位置。通过训练有素的 CNN 模型，算法能够在复杂的背景环境中精确地检测到目标，并生成高质量的目标检测框。在状态预测和数据关联阶段，DeepSORT 算法利用卡尔曼滤波器对目标状态进行预测和数据关联。卡尔曼滤波器是一种高效的递归滤波器，能够根据目标的动态模型和观测数据，对目标状态进行最优估计。通过卡尔曼滤波器的预测和更新过程，算法可以有效地处理目标运动的不确定性和遮挡等问题，实现目标的连续跟踪。

（1）深度学习模型

DeepSORT 算法是一种利用深度学习技术进行多目标跟踪的算法，它结合了 SORT（Simple Online and Realtime Tracking）算法和深度学习目标检测模型来实现对视频帧中多个目标的实时、准确跟踪并生成边界框。这些模型能够准确地识别出视频中的目标，并为每个目标生成一个唯一的标识。其中，所使用的深度学习模型通常包括但不限于 YOLO 系列、SSD 等先进的对象检测器。

当 DeepSORT 算法运行时，这些深度学习模型会对每一帧视频图像进行密集的分析，精确地识别并定位出各种目标的位置，如行人、车辆、人脸等。对于每一个检测到的目标，模型都会在其顶部生成一个紧密贴合目标轮廓的边界框，确保后续跟踪算法能够准确区分不同目标，并为每个目标分配一个独特的标识符。这种基于深度学习的目标检测方法提高了跟踪算法的准确性和稳定性，使得在复杂场景下多目标跟踪任务得以高效且鲁棒地执行。

（2）卡尔曼滤波器

卡尔曼滤波器是 DeepSORT 算法中不可或缺的核心组件，其在目标跟踪任务中扮演着至关重要的角色。卡尔曼滤波器不仅在 DeepSORT 算法中发挥着关键作用，而且在许多其他领域也有广泛的应用。卡尔曼滤波器是 DeepSORT 算法的核心组件之一，它用于预测每个目标在下一帧中的位置。通过结合当前的运动状态（如位置、速度、加速度等）和模型的预测值，卡尔曼滤波器能够优化对目标当前状态的估计，从而提高跟踪的连续性和稳定性。

具体来说，卡尔曼滤波器通过采用递归的方法，基于当前的目标运动状态（包括位置、速度、加速度等动态信息），结合预先设定的动态模型来预测目标在下一帧图像中的可能位置。这种预测机制使得卡尔曼滤波器能够在目标暂时从视野中消失或被遮挡时，依然能维持对其轨迹的连续估计，从而增强跟踪算法的鲁棒性和稳定性。在 DeepSORT 算法中，卡尔曼滤波器的预测结果会与深度学习模型（如神经网络）的检测结果进行关联分析，通过优化目标状态估计，提高跟踪目标的连续性和稳定性，进而实现准确、高效的多目标跟踪任务。

（3）匈牙利算法

匈牙利算法是一种基于网络流算法的优化方法，主要用于解决分配问题，特别是在计算机视觉和目标跟踪领域中。在 DeepSORT 算法中，匈牙利算法的核心作用在于实现检测到的目标与卡尔曼滤波器预测的目标之间的最优匹配。通过计算前后两帧目标之间的相似度矩阵，并利用匈牙利算法进行最优匹配，DeepSORT 算法能够准确地关联不同帧中的相同目标。

2. 算法流程

获取原始视频帧：DeepSORT 算法的第一步是从原始视频流中获取连续的视频帧。这些视频帧构成了算法的输入数据，是算法进行目标检测和追踪的基础。

目标检测：在获取到视频帧后，算法利用深度学习模型对每一帧进行目标检测。深度学习模型能够自动学习和提取视频帧中的特征，包括表观特征（如颜色、纹理等）和运动特征（如速度、加速度等）。这些特征对于后续的目标匹配和追踪至关重要。在检测过程中，深度学习模型会在每一帧中找出所有需要追踪的目标，并为每个目标生成一个边界框。这些边界框为后续的目标匹配提供了重要的信息。

特征提取：对于每个检测到的目标，算法会提取其边界框中的特征。这些特征包括表观特征和运动特征。表观特征是通过分析目标的颜色、纹理等信息得到的，这些特征对于识别目标的外形和身份非常重要。运动特征则是通过分析目标的运动状态得到的，包括速度和加速度等，这些特征对于预测目标在下一帧中的位置非常关键。

目标匹配：在提取了目标的特征后，算法使用卡尔曼滤波器来预测每个目标在下一帧中的位置。卡尔曼滤波器是一种高效的递归滤波器，它能够根据当前的状态预测未来的状态。通过预测的结果，算法可以在下一帧中更准确地找到对应的目标。然后，算法利用匈牙利算法来计算前后两帧目标之间的匹配程度。匈牙利算法是一种高效的图论算法，它能够解决最优匹配问题。通过计算匹配程度，算法可以确定不同帧之间相同目标的对应关系。

目标追踪：根据匹配的结果，算法将每一帧中的目标连接起来，形成目标的运动轨迹。通过这些轨迹，算法可以实现多目标追踪。在追踪过程中，算法会持续更新目标的状态，包括位置、速度和加速度等。这些状态信息对于后续的目标匹配和追踪非常重要。

3. 特点

DeepSORT 算法在准确性和实时性之间取得了良好的平衡，能够满足各种场景下的多目标跟踪需求。该算法通过深度学习技术的运用，实现了对多个目标的高效、精确跟踪。在保证准确性的同时，DeepSORT 还通过优化算法结构和计算效率，提高了跟踪的实时性。这使得它能够满足各种复杂场景下的多目标跟踪需求，无论是人脸识别、行为分析还是目标定位，都能得到广泛的应用。

DeepSORT 算法在计算机视觉系统的集成与定制方面展现出了显著的优势。该算法以深度学习为基石，结合了先进的特征提取技术和高效的关联滤波器跟踪算法，不仅在复杂多变的实时监控场景中能够稳定地识别和跟踪目标对象，而且具有良好的可扩展性。这意味着在现有的计算机视觉系统中，将 DeepSORT 算法进行集成相对简便，只需在原有的系统框架中嵌入 DeepSORT 算法的核心模块，即可实现对运动目标的精准识别与持续追踪。同时，DeepSORT 算法还具备高度的灵活性，其框架允许开发者根据实际应用场景的需求进行定制化开发和优化。

4. 应用场景

DeepSORT 算法在牛养殖中的应用提升了牛行为监测和管理的效率。该算法利用深度学习技术进行目标检测和关联，能够精确地追踪每一头牛的位置和移动轨迹。通过对视频流的实时分析，DeepSORT 算法可以在复杂环境中保持高精度的跟踪，即使是在牛频繁移动或发生遮挡的情况下，也能有效避免跟踪中断。这种能力使得养殖者能够全面掌握牛的活动情况，为科学管理提供了可靠依据。在牛的健康监测方面，DeepSORT 算法同样发挥了重要作用。通过持续跟踪牛的行为模式和活动轨迹，系统可以及时发现异常行为，如活动减少、步态异常或频繁躺卧等。这些行为变化往往是健康问题的早期信号，DeepSORT 算法的精准监测能够帮助养殖者及早发现并处理潜在的健康问题，从而降低疾病传播的风险，提高牛群整体健康水平。

该技术通过部署在养殖场内的智能摄像头系统，实时捕捉牛的活动图像，并利用机器学习算法、深度学习模型对图像中的特征进行提取与匹配。常见的牛个体特征包括体型轮廓、面部特征、独特的身体斑纹标记等。通过提取牛特征与数据库中特征进行对比，迅速识别出每头牛的身份信息，并建立起详细的个体档案。这种智能化的识别方式不仅提高了养殖管理的效率，还能实现对牛行为的长期跟踪与分析，为优化饲养策略、预防疾病及提升牛肉品质提供了科学依据。

第四节
牛个体识别跟踪技术实施案例

在现代畜牧业中，基于图像的牛个体识别技术正悄然兴起，为养殖管理带来了一场视觉智能化的革新。这项技术利用先进的图像处理与机器学习算法，通过对牛的高清图像进行精准分析，实现了对牛个体的快速、准确识别[10-12]。不同于传统的物理标记方式，基于图像的识别方法无须在牛身上安装任何附加设备，既减少了对动物的干扰，又保持了识别的自然性和非侵入性。因此，本案例提出了一种基于 YOLOv8 网络和 StrongSORT 的牦牛个体实时监测系统。

一、材料和方法

（一）材料

本案例在四川农业大学畜禽养殖基地进行实验。实验对象为 11 头 12 月龄的牦牛，分别饲养在两个散栏牛圈中，每个牛圈饲养 5 头或 6 头牦牛。在牛圈食槽正上方安装了摄像机，用于采集牦牛的行为视频。在散栏牛圈中，使用软沙和木屑作为床垫，牦牛可以在牛圈中自由采食和饮水。实施圈舍图如图 1-9 所示。

（二）总体技术路线

总体技术路线如图 1-10 所示。每个圈舍选取了非休息时间的 10 小时关键监控片段，并通过图像抽帧技术从这些片段中提取出大量的监控画面图片。采用数据标注软件分别对不同的牛脸进行标注。各个圈舍分别标注 579 张和 664 张牦牛的脸部图像，作为牛脸特征数据库。标注的牛脸示意图如图 1-11 所示。将 1243 张牦牛脸部图像作为训练集，整体输入到 YOLOv8 目标检测模型中。通过训练该模型，获得一套专门用于识别牦牛脸部的权重参数。这些权重参数将作为后续检测步骤的核心，确保快速、准确地从监控视频中识别出牦牛。

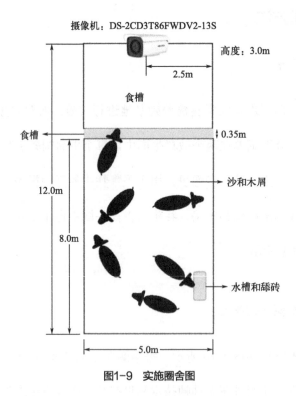

图1-9　实施圈舍图

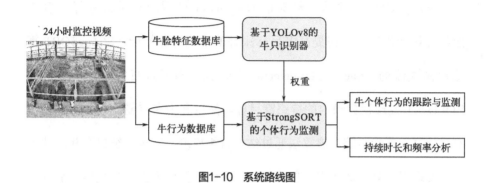

图1-10 系统路线图

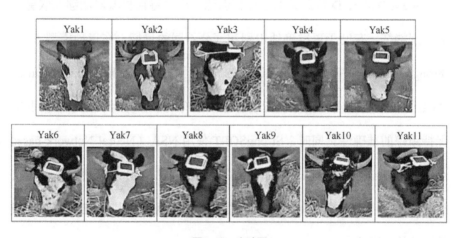

图1-11 牛脸图

最后，利用训练好的 YOLOv8 模型权重，结合 StrongSORT，在实时监控中快速锁定并持续跟踪牦牛。StrongSORT 不仅能够利用 YOLOv8 的检测结果来初始化跟踪对象，还能通过其内部机制有效处理目标遮挡、重叠以及身份切换等复杂情况，确保跟踪的连续性和准确性。

StrongSORT 算法基于经典的 DeepSORT 模型，并对其进行了多方面的升级和优化，旨在提高多目标跟踪的准确性和性能。StrongSORT 算法遵循主流的"tracking-by-detection"范式，即通过目标检测算法（如 YOLOv8）发现视频帧中的待跟踪目标，然后利用卡尔曼滤波和匹配算法对目标进行连续跟踪。该算法通过结合目标检测、表观特征提取和运动模型，实现了在复杂场景中的鲁棒跟踪。在特征提取方面，它采用了更强大的表观特征提取器 BoT（Bag of Tricks），以 ResNeSt50 作为主干网络，并在 DukeMTMC-reID 数据集上进行预训练。这种特征提取器能够提取更多的判别特征，有助于更准确地识别和区分不同的目标。在运动模型方面，StrongSORT 也进行了重要改进。它采用了 ECC（Enhanced Correlation Coefficient）算法进行摄像机运动补偿，这有助于在摄像机运动的情况下保持跟踪的准确性。同时，StrongSORT 使用 NSA（Neural Network-based Appearance）卡尔曼算法取代了传统的卡尔曼算法，以适应更复杂的运动模式。NSA 卡尔曼算法通过神经网络来预测目标的状态，提高了对非线性运动的跟踪能力。

二、结果与分析

（一）结果

使用连续牦牛采食视频测试系统，散栏圈 1 和散栏圈 2 的准确率分别达到 99.83% 和 99.69%，整体错误检测率较低。如图 1-12 所示，少数错误源于牦牛面部特征相似导致的误检。圈舍 1 中，两头面部有大块白斑的牦牛间存在互认错误（38 次），另有 295 张牦牛 3 图像被误判为牦牛 1。牦牛 2 检测中，部分图像（118、28、30 张）因与牦牛 1、3、5 面部白斑相

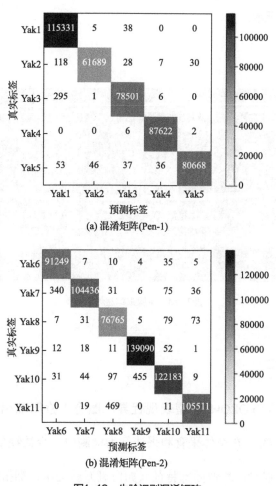

(a) 混淆矩阵(Pen-1)

(b) 混淆矩阵(Pen-2)

图1-12　牛脸识别混淆矩阵

似而被误认。牦牛5的行为检测较平均地误判为其他四头牦牛（36～53张）。纯黑面牦牛4检测最准确，仅误判少数图像。圈舍2性能相似，白色面牦牛6与7相互混淆，且带白斑的牦牛10也有误判。特殊角度（如侧脸）下的牦牛11图像（469张）易被误判为牦牛8，这是因为模型难以捕捉全部面部特征，导致检测模型无法利用所有面部特征正确识别。牛脸跟踪监测结果如图1-13所示。

图1-13　牛脸跟踪监测结果

（二）讨论

本研究中，YOLOv8模型表现优异，圈舍1检测准确率为96.58%，圈舍2为99.17%。在个体采食和采选行为检测中，少数牦牛面部被误识。三大因素导致误检：相似面部特征（如白斑）易混淆；拥挤或社交互动中牦牛面部被遮挡；喂食时人员身体遮挡部分面部，检测模型难以识别全部特征。

为提升检测性能，应扩充数据集，纳入更多角度和条件下的牦牛面部图像，如侧面和遮挡情况。同时，考虑不同天气、光照和饲养环境下的图像，以增强模型鲁棒性。本研究中牦牛以小群（5～6头）饲养，未来需扩大样本量至更大群体，以应对复杂场景下的检测挑战。

同时在本案例中，每一头牛均佩戴了智能项圈。智能项圈能够实时记录牛的姿态信息，如站立、躺卧、行走等，为牛养殖管理提供更精细的数据支持。将牛姿态数据与牛脸识别数据实时传输至牛养殖云平台，对数据进行综合分析处理。通过深度学习算法，深入挖掘牛的生长状况、健康状况、行为习惯等重要信息。这些信息对于制订个性化的养殖策略、优化饲料配方、预防疾病发生等具有重要的指导意义。为提升识别精度和部署效率，并降低参数消耗，未来的优化方向主要集中在以下方面：优化算法，采用轻量级神经网络和压缩模型技术；边缘计算，对本地设备进行预处理。这些措施将有助于提高系统的整体性能和响应速度。

第二章

牛行为监测与放牧跟踪技术

第一节
概　述

　　部分牛养殖场采用传统的人工观察法以监测牛行为，饲养员对牛行为直接观察或者录像观察，这不仅增加了人畜接触的患病风险以及对牛特征和行为评估的误差，还给工作人员增加了繁重的工作量，费时费力[13]。牛行为是牛发情揭发及健康福利评价的良好指标，但目前通过行为判断繁育状况及预测动物健康的研究较为缺乏，技术成熟度不高，需要借助物联网和大数据等先进技术手段，来实现对动物的行为、发情、健康等情况进行实时监测和分析，并由此制订更好的决策方案。

　　根据饲养环境的不同，牛智能监测系统可分为舍饲智能监测系统和放牧智能跟踪系统。舍饲智能监测系统主要适用于单栏或散栏的养殖环境。通过智能项圈、监控摄像头等，实时监测牛群的采食量、活动量、行为信息等重要信息。放牧智能监测系统针对牧区放牧牛实时、精准定位的需求，通过给牛佩戴集成北斗三代的智能项圈，实现对放牧牛的实时高精度定位。

第二节
肉、奶牛行为与动物福利研究

肉、奶牛行为与动物福利研究是现代畜牧业科学的重要组成部分。牛作为重要的农业生产动物，其养殖过程中的行为与福利状况不仅关系到动物本身的健康与生产性能，还直接影响到畜牧业的健康可持续发展。牛的行为表现是反映其生理状态、心理状态及环境适应性的重要窗口。正常的行为模式，如适当的行为、休息、社交等，是牛维持良好福利状态的基础。相反，异常行为，如减少采食、长时间站立不动、异常攻击或逃避等，可能是牛遭受压力、疾病或不适环境的信号[9]。因此，通过对牛行为的细致观察与分析，可以客观、准确地评价其福利状况，为改善养殖管理提供科学依据。通过科学的行为研究，养殖场可以优化饲养环境，减少牛的应激反应，提高其整体健康水平，从而实现更高效的生产管理。

动物福利不仅关系到牛的健康和幸福，也是养殖场可持续发展的关键因素。良好的动物福利措施能够减少疾病的发生，降低医疗费用，提高生产效率。此外，消费者对动物福利的关注度日益增加，市场对高福利标准的肉产品需求也在不断上升。提升牛的福利水平，养殖场不仅能够满足市场需求，还能增强产品的竞争力和品牌价值。因此，动物福利的改善不仅是道德责任，也具有显著的经济效益。

随着人工智能与机器学习技术的快速发展，智能识别技术在牛养殖中得到了广泛应用。通过智能项圈、高清摄像头等先进设备，可以实时、准确地采集牛的行为数据，如姿态、运动轨迹、社交行为等[14, 15]。这些数据为牛行为与动物福利研究提供了丰富、客观的数据来源。借助智能行为分类算法，可以更深入地了解牛的行为模式。结合牛饲喂配方、年龄、胎次等信息，能精准地评估其福利状况。同时，智能疾病预警技术还能帮助养殖者及时发现牛的异常行为，为采取相应措施改善养殖环境和管理策略提供及时支持。因此，机器学习、深度学习技术的应用为牛行为与动物福利研究开辟了新的途径，进一步提升了牛养殖的科学化水平和动物福利状况。

第三节
牦牛行为与动物福利研究

牦牛（Bos Grunniens），作为中国青藏高原及其周边高寒地区独有的牛种，属于偶蹄目牛科牛属的大型哺乳动物。牦牛相较于其他牛种具有更强的环境适应性，能在海拔3000m以上的高寒地区生存。高原地区通常气候恶劣，冬季寒冷漫长。牦牛以其独特的生理结构，如厚重的皮毛、短小的耳朵和紧凑的体型抵御寒冷和缺氧环境。然而，牦牛性情较为凶猛，活动范围广泛，且善于攀登陡峭的山地，使得对其放牧管理变得尤为困难。

传统放牧养殖模式一定程度上限制了饲养管理和疫病防控措施的有效实施。在自然放牧的环境下，草原环境虽然为牦牛提供了丰富的草料资源，但长期单一饲料的摄入会导致牦牛营养不均衡，进而影响其生长发育和产奶量。由于缺乏科学的养殖管理，牦牛的生长周期被拉长，繁殖与养殖效率低下，难以满足日益增长的市场需求。

由于牦牛数量多且分布广，疫病防控难度较大。除了放牧养殖方式外，为了提升牦牛的养殖效率，舍饲牦牛养殖在青海等主产区已成为推动地方经济发展的重要力量。而牦牛体型庞大，性情凶猛，传统的行为监测方法难以实现。随着智能化、信息化技术在农业领域的广泛应用，智慧养牛逐渐成为舍饲牦牛养殖业的新趋势。通过引入智能化管理系统，养殖场能够实现对牛行为状态、饲料消耗、疾病预警等关键信息的实时监控与精准管理。此外，高寒地区的自然环境复杂多变，对放牧与行为跟踪设备的硬件提出了更高要求，增加了硬件设备设计制造的难度。

第四节
基于接触式传感器的牛行为监测技术

基于接触式传感器的牛行为监测技术凭借其高精度与实时性，成为研究牛生理与行为特征的重要手段。接触式的监测方法主要以非侵入性方式捕捉牛的行为数据，如通过在牛的关键部位（如颈部、腿部）固定不同类型的传感器来采集数据，以实现对不同行为的监测。

一、三轴加速度传感器

加速度传感器作为测量目标动物加速度的关键传感器，在行为监测领域发挥着重要作用。三轴加速度传感器由三个独立的单轴加速度传感器组成，分别用于测量物体在 X、Y、Z 三个方向上的加速度。动物行为监测中常见的 ADXL345 加速度传感器 [16] 基于多晶硅表面微加工结构，实物如图 2-1 所示。当加速度产生时，多晶硅弹簧悬挂于晶圆表面的结构之上，提供力量阻力。差分电容由独立固定板和活动质量连接板组成，能够测量结构的偏转。加速度使惯性质量偏转，导致差分电容失衡，从而传感器输出的幅度与加速度成正比。通过相敏解调确定加速度的幅度和极性。三轴加速度传感器输出的数据形态通常为模拟信号或数字信号。在数字信号的情况下，加速度值会被量化为数字代码（X、Y、Z三个方向上的加速度）。传感器数据通常以g（重力单位）表示，并可以通过串行接口（如SPI、I2C等）传输给微处理器或计算机进行处理和分析。

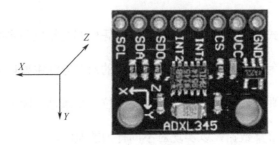

图2-1　ADXL345实物图[17]

三轴加速度传感器通过测量动物在X、Y、Z三个方向上的加速度来反映其运动状态。这些加速度数据可以反映动物的移动速度、方向、加速度变化等信息。在实际监测中，三轴加速度传感器通常被安装在颈部[18]、腿部[19]、下颌[20, 21]、尾部[22]、耳部[23]等不同部位，以实时监测动物的行为状态。将三轴加速度传感器安装在动物身上，确保传感器能够准确测量动物在三个方向上的加速度。三轴加速度传感器实时测量动物在各个方向上的加速度后，将数据转换为电信号或数字信号。通过无线或有线方式将数据传输到接收设备，最后使用人工智能算法对接收到的数据进行处理和分析，分类识别出牛的行走、采食、反刍、爬跨、躺卧、对顶等行为模式。在此基础上统计各类行为的发生频率、持续时间、异常情况，从而对发情、产犊、疾病、育肥、应激等重要生理状态进行预警。

二、惯性测量单元

惯性测量单元（Inertial Measurement Unit，IMU）传感器除了包含三轴加速度传感器外，还包含陀螺仪和磁力计，能够同时测量物体的线性加速度、角速度与磁力数据。相较于三轴加速度传感器，IMU 更适用于需要同时测量物体线性运动和角运动状态的场景，如导航、姿态监测、动作捕捉等应用场景。IMU 传感器的工作原理基于惯性定律，通常由以下几个核心部件组成：①加速度传感器：通过测量物体在三个方向上的线性加速度，来反映物体的运动状态；②陀螺仪：陀螺仪内部有一个旋转的转子，当目标物体发生角运动时，偏转会被传感器捕捉到并转换成电信号输出；③磁力计：测量监测目标周围的磁场，帮助确定监测目标在地球坐标系中的方向。

IMU 传感器在动物行为监测中的应用原理主要基于其能够测量动物在三维空间中的运动状态。在牛颈部、头部、腿部等位置佩戴 IMU 传感器，通过对 IMU 传感器采集的数据进行分析，可以提取出频率、动作幅度、转向角度等行为特征参数，进而对动物的行为进行分类和识别，从而实时监测牛的姿态与动作的动态变化。结合北斗定位等其他技术，IMU

传感器可以实现对动物运动轨迹的精确追踪，这为牦牛放牧跟踪定位、牧场载畜量管理等提供了技术支持。

三、基于 IMU 的牛行为监测设备

将 IMU 行为项圈佩戴在牛的不同部位，包括颈部、腿部、头部、背部等，可以采集到多种行为数据，IMU 行为项圈内置的陀螺仪、加速度传感器、磁力计传感器实时测量并记录牛在不同方向上的角速度、加速度、方位等物理量。通过内置的数据处理单元将原始数据转换为有意义的行为信息，并通过无线通信技术将数据传输至云平台或计算机、手机等终端设备，对畜牧业精细管理、动物福利状态监测以及行为分析等方面具有重要意义。

给牛佩戴 IMU 传感器后（图 2-2），传感器能精准检测牛运动时在三维空间上的角速度和加速度。这些数据通过 SD 卡进行存储，或通过无线方式传输至数据处理中心。在数据处理中心，利用先进的机器学习算法和深度学习算法，对原始数据进行滤波、去噪、特征提取及模式识别，从而实现对牛行为的全面、深入分析 [24]。数据处理流程如图 2-3 所示。

不同的佩戴位置对采集牛的行为数据各有侧重，将 IMU 行为监测项圈佩戴于牛颈部可精确监测牛头颈部活动角度、频率、加速度。颈部是牛活动最为频繁的部位，佩戴在此处可以较为全面地监测牛的各类行为，尤

图2-2 IMU项圈

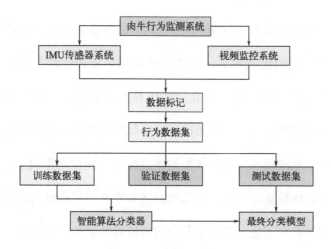

图2-3 数据处理流程图

其能对采食、反刍、饮水等行为模式实现高精度识别。由于项圈的结构特点，置于项圈内部的传感器不易被牛自行挣脱或损坏。如果将行为监测传感器佩戴于牛的腿部，能够更直接地监测反映牛运动能力和腿部姿态的行为数据。通过分析牛腿部站立姿态、步态和步频，可以及时发现跛足等疾病。另外，可通过识别牛的行走行为统计分析牛的步数与活动量，预测与活动量相关性较高的发情行为。头部数据对于识别牛的情绪状态和注意力方向具有重要意义。同时，头部姿态的变化也可以反映牛的采食行为和健康状况。背部数据虽然相对间接，但可以通过振动频率等参数反映牛的呼吸频率和舒适度。这对于评估牛的生理状态和福利水平具有重要意义。综上所述，将IMU行为项圈佩戴在牛的不同部位可以采集到丰富的行为数据，为畜牧业管理提供有力支持。不同部位的佩戴各有优势，可以根据实际需求选择合适的佩戴位置。

在畜牧业和动物行为学研究中，以IMU传感器为代表的接触式传感器作为一种重要的监测工具，尽管能够提供丰富的运动数据，但其佩戴舒适性和区分物理形式相似动作的局限性亦不容忽视。从佩戴舒适性角度出发，项圈需紧密贴合动物颈部以确保数据准确性，但这可能会造成牛应激，且尺寸适应性不足也可能影响佩戴体验。而在动作识别方面，IMU项圈受限于其物理测量原理，难以精确区分物理形式相似的动作，对复杂行为的解析亦存在不足，忽略了行为间的前后关系和个体差异。这要求研究人员在应用中综合考虑这些因素，并结合其他技术手段提高监测的准确性和全面性。

四、行为项圈的佩戴

在畜牧业领域，为了精准地掌握牛的行为规律并有效预测关键事件，在颈部、腿部和尾部分别佩戴传感器，以实现对牛行为的全方位、精细化监测与分析。颈部传感器专注于捕捉牛头部及颈部的细微动作，这对于识别采食、反刍、饮水、自我清洁等头部活动模式至关重要[24-26]。结合加速度与倾角数据，颈部传感器能够精准分析牛的咀嚼频率、饮水姿态，甚至在一定程度上评估其情绪状态，为牧场管理者提供关于牛健康状况与福利水平的直观反馈。腿部传感器在预测牛跛足问题上发挥了显著作用。跛足不仅影响牛的舒适度，还可能预示着蹄部疾病、关节损伤等潜在健康问题[27, 28]。传感器通过持续记录并分析腿部运动的不对称性、步长变化及步态稳定性，能够早期发现跛足迹象，为及时采取治疗措施、防止病情恶化提供了可能。此外，腿部传感器还能监测牛的活动量与步数，这些数据对于预测牛发情状态至关重要。通过设定合理的活动量或步数阈值，并结合体温、激素水平等生理指标，管理者能够更准确地把握牛的发情时机，从而合理安排配种计划，提高繁殖效率与经济效益。而尾部传感器则主要关注牛的发情行为[29]。在发情和待产时，牛翘尾次数明显增加。通过监测尾部的摆动频率与角度变化，传感器能够准确识别牛发情，预测产犊时间。此外，还能监测牛的排泄事件，有助于及时清理排泄物、维护牧场卫生环境[30]。此外，这些数据还为研究者提供了关于牛消化系统健康、营养吸收效率等方面的宝贵信息，助力制订更加科学合理的饲养管理策略。

综上所述，通过在牛的颈部、腿部和尾部安装传感器，实现对牛行为的全面、深入监测与分析。这不仅有助于更准确地识别牛的日常活动模式与潜在健康问题，还为畜牧业的精细化管理提供了强有力的技术支持。

五、行为数据无线传输技术

无线传输技术的应用使畜牧养殖数据的传输变得更加便捷和高效。利用蓝牙、Wi-Fi、Zigbee、NB-IoT 等无线传输技术，可以实现对行为监测传感器所采集数据的远程传输，使畜牧养殖数据的采集和处理更加及时、准确，为养殖管理提供了有力的技术支撑。

（一）蓝牙（Bluetooth）无线通信技术

蓝牙技术，作为一种全球通用的短距离无线通信技术，自 1994 年诞生以来，已经深入渗透到我们日常生活的各个领域，从智能手机、平板电脑、音频设备，到医疗健康、工业自动化和智能交通，其应用无处不在。这项技术工作在 2.4GHz 的 ISM（工业、科学和医疗）频段，这一频段被多个国家和地区广泛采用，其优势在于频率资源丰富，为蓝牙技术的广泛应用提供了充足的带宽保障。

蓝牙采用时分双工传输方案，这种方式确保了数据传输的高效性和稳定性。在时分双工中，通信双方设备在特定时间段内交替进行数据发送和接收，有效避免了双方同时发送造成的信号冲突，从而保证了数据传输的成功率和稳定性，支持点对点、点对多点通信。无论是两个设备之间的数据传输，还是多个设备之间的数据共享和协同工作，蓝牙都能够及时处理。

（二）Wi-Fi（Wireless Fidelity）

Wi-Fi，全称无线局域网技术（Wireless Fidelity），是一种基于 IEEE（电气和电子工程师协会）802.11 标准的重要无线通信技术。这个技术的工作频段主要在 2.4GHz 和 5GHz 这两个主流频段，其中，2.4GHz 频段是早期 Wi-Fi 技术的主要工作频段，而 5GHz 频段则是在近年来随着技术发展而逐渐普及的新频段。选择不同频段的主要原因是满足不同应用场景的需求，2.4GHz 频段具有较好的穿墙能力和较广的覆盖范围，而 5GHz 频段则提供更高的数据传输速率和更强的抗干扰能力。

在数据传输机制方面，Wi-Fi 采用了 CSMA/CA（载波侦听多路访问 / 冲突避免）机制，这是一种能有效解决多个用户共享无线信道时可能出现的冲突问题的方法。它允许设备在发送数据前先侦听信道是否空闲，从而避免在多个设备同时发送数据时产生冲突，进而提高整个网络的传输效率和稳定性。在 IEEE 802.11n 及后续标准中，还引入了 MIMO（多输入多输出）技术和信道绑定技术，进一步提升了数据传输速率和吞吐量。得益于这些先进的技术和机制，Wi-Fi 网络的数据传输效率高达数十兆甚至吉比特每秒，这对于满足高清视频流、在线游戏、大数据传输等高带宽需求来说非常重要。

（三）Zigbee

Zigbee 是一种基于 IEEE 802.15.4 标准的低功耗局域网协议，工作在 2.4GHz、868MHz 和 915MHz 频段。它采用自组织、自恢复的网状网络结构，支持大量设备间的低速率数据传输。Zigbee 协议的优势在于其强大的通信能力和灵活的网络拓扑结构，可适应不同的应用场景。然而，随着物联网技术的发展和 Zigbee 设备数量的增长，Zigbee 协议也面临着一些挑战。

由于 Zigbee 协议工作在 2.4GHz、868MHz 和 915MHz 频段，频谱资源有限，容易受到其他无线设备的干扰。因此，如何保证 Zigbee 网络的稳定性和可靠性，是当前面临的一个重要问题。随着物联网应用场景的多样化，Zigbee 协议也需要不断升级和完善。针对一些需要高精度、低延迟的应用场景，Zigbee 协议需要提高数据传输速率、降低延迟；针对一些需要更大覆盖范围的应用场景，Zigbee 协议需要提高无线信号的传输距离。

（四）NB-IoT（Narrowband Internet of Things）

NB-IoT 是一种专为物联网设计的窄带蜂窝通信技术，基于 LTE 网络演进而来。它工作在授权频段，具有广覆盖、低功耗、大连接等特点。

牛项圈上集成了先进的 NB-IoT 模块，该模块通过运营商的 NB-IoT

网络无缝接入互联网，实现远程通信。项圈内置的高精度传感器全天候不间断工作，在静态与动态环境中均能精准捕捉和量化牛的各项关键数据，确保数据的准确性和完整性。完成数据采集后，这些数据通过 NB-IoT 模块进行加密处理，并以低功耗的方式发送至最近的基站。基站负责解调、解码及校验数据，确保其完整无误后，再通过互联网高效转发至云端服务器。在云端平台上，牧场管理人员能够实时远程监控牛的行为数据，据此作出科学的管理与决策。NB-IoT 模块的低功耗特性更是确保了项圈能够长期稳定运行，减少了电池更换的频率，提升了使用便利性。

第五节
基于图像处理技术的牛行为监测

随着技术不断提高，计算机视觉逐渐进入人们的视线。相较于使用传感器的接触式牛行为识别方式，使用监控设备获得的视频资料属于无接触方式，不会对牛的活动产生影响，更有利于实现牛的实时监控，包括疾病监测[31]、体况评估[32]、行为监测[33]等。此外，能够关注到牛之间、牛与环境间的交互行为，更有利于进一步了解动物的生活习性。因此，基于计算机视觉的牛行为实时监测，对实现牛精细养殖等具有重要理论意义和应用价值。常见的基于图像处理技术的牛行为监测流程如图 2-4 所示。

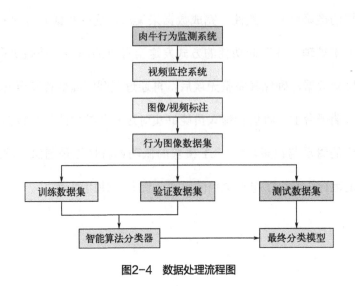

图2-4 数据处理流程图

图像处理技术的牛行为监测技术主要分为基于视觉特征的行为监测识别方法和基于时空特征的行为监测识别方法。基于视觉特征的行为识别方法利用深度学习网络，从视频帧或图像中检测出目标区域并提取视觉特征，然后基于此特征训练并构建行为识别网络模型[34]。常用的模型有 CNN、YOLO、ResNet、Fast R-CNN 等[35, 36]。此类方法重在关注图像特征，而忽略了时间信息。如图 2-5 所示为基于 YOLO 算法的牛行为识别。而牛行为识别的本质是对具有连续特征的时间序列信息进行建模处理，除了包含视觉特征外还包括时间信息。因此获取牛行为视频并对视频行为进行检测识别有重要意义。但是视频帧包含大量与目标行为不相关的信息，需要进一步增强对相应特征的提取能力，减小干扰。常见时空特征提取方法包括 LSTM 网络、三维卷积 C3D 和双流法[33, 37]。

图2-5　基于视觉特征的行为识别

一、牛行为分类算法

（一）Transformer 算法

1. 原理

Transformer 算法是在 2017 年被提出的完全基于自注意力机制的架

构[38]。这种机制使得 Transformer 算法能够并行处理输入序列中的每个元素，提高了计算效率，并且能够有效地捕捉序列中任意位置之间的依赖关系。Transformer 算法由编码器和解码器两部分组成。编码器负责将输入序列转换成一系列隐藏状态，这些隐藏状态包含了可用于分类、序列标注等任务的丰富信息。解码器则基于编码器的输出和已生成的输出序列来预测下一个输出元素，实现序列到序列的转换任务。Transformer 网络架构如图 2-6 所示。

自注意力机制是 Transformer 算法的核心，通过计算序列中每个元素与其他所有元素的关联程度捕捉序列内部的依赖关系。该机制使得 Transformer 算法能够同时考虑序列中的多个位置。此外，自注意力机制通过多头机制来进一步扩展其表示能力，通过并行运行多个自注意力头以捕捉输入数据中更丰富的信息。

2. 特点

Transformer 算法的核心特点在于完全基于自注意力机制。同时，自注意力机制让 Transformer 算法更好地捕捉序列中的特征变化。另外 Transformer 算法的多头自注意力（Multi-Head Self-Attention）设计通过并行运行多个自注意力头，并融合不同角度的信息增强了模型的表示能力。这种机制使得 Transformer 算法能够捕捉到输入数据中更为丰富和细微的语义特征，该特点使 Transformer 算法在分类识别牛行为时序数据时能更好地捕捉牛的动作特征，提高识别精度。

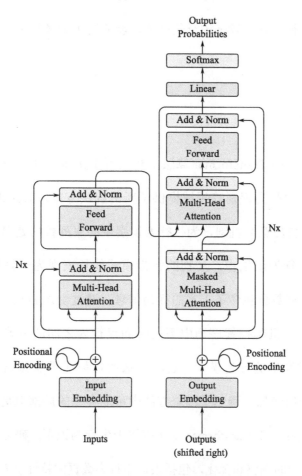

图2-6　Transformer网络架构[38]

Transformer 算法还通过引入残差连接（Residual Connection）和层归一化（Layer Normalization）有效缓解了深度神经网络训练过程中容易出现的梯度消失或梯度爆炸问题。因此，Transformer 算法能形成更深的网络结构，从而进一步提升模型的性能。同时，Transformer 算法的这种设计也使得其具有较强的泛化能力，能够适用于多种不同的分类识别任务[38]。

3. 应用

尽管传统的 Transformer 算法主要应用于文本数据，但其思想和技术框架也为牛行为识别等领域提供了新的解决方案。Transformer 算法的核心——自注意力机制，为牛行为识别中的序列数据处理提供了新的思路。在牛行为识别中，动物的行为模式往往表现为一系列的动作序列，这些序列数据包含了丰富的行为信息。通过引入 Transformer 算法，利用自注意力机制捕捉序列中不同时间点行为之间的依赖关系，从而更准确地识别牛的行为模式。这种方法的优势在于能够充分考虑行为序列中的全局信息，避免了传统方法中可能存在的局部最优解问题。

此外，为了将 Transformer 算法应用于牛行为识别，研究者们需要对模型进行适当的调整和优化，包括根据牛行为数据的特性引入适合的自注意力机制更好地捕捉行为特征。结合牛行为识别领域的专业知识，构建针对性的训练数据集和评估标准，以确保模型的有效性和可靠性。此外，随着计算资源的不断提升和算法的不断优化，Transformer 算法在牛行为识别中的应用也将更加广泛和深入。

（二）ResNet 算法

1. 原理

ResNet 算法由微软亚洲研究院的何凯明等人于 2015 年提出，旨在解决深层神经网络在训练过程中面临的梯度消失和梯度爆炸问题[39]。随着网络层数的增加，传统的神经网络由于梯度在反向传播过程中逐渐减弱会出现性能下降的现象，导致网络无法有效更新浅层权重。ResNet 算法通过引入残差连接（Residual Connection）这一创新性的网络结构，使得网络能够更容易地学习到输入与输出之间的残差，从而降低了学习难度，提高了模型的收敛速度和训练效果。

ResNet 算法的核心在于残差连接，通过在网络中添加跳跃连接（Shortcut Connection）网络，跨越多层神经网络将输入数据直接传递到输出端。该连接方式允许网络学习输入与输出之间的残差而非完整的映射关系。每个残差块通常由两个或三个卷积层组成，每个卷积层后连接归一化层和激活函数。残差块的输入和输出通过跳跃连接相加后，再经过一个激活函数输出到下一个残差块，避免了梯度消失的问题，同时也有助于保留原始特征，提高模型的精度和泛化能力。

2. 特点

ResNet 算法通过残差连接的设计，有效地解决了深层网络训练中的梯度消失和梯度爆炸问题，在图像分类、目标检测和语义分割等计算机视觉任务中取得了显著成效。ResNet算法的优势在于其能够保留更多的图像信息，提高模型的表达能力，同时降低学习难度，加速训练过程。此外，ResNet算法还具有较强的泛化能力，能够适用于多种不同的数据集和任务。

3.应用

传统的CNN在增加网络深度时容易遭遇梯度消失或梯度爆炸问题，此问题限制了它们的深度和性能。而ResNet算法通过引入残差结构，可以有效训练更深的网络，从而捕捉到更多的细节特征。使用ResNet算法进行牛行为监测的一个主要优势在于其高精度的行为识别能力。在实际应用中，ResNet算法能够准确区分牛的不同行为模式，如采食、饮水、行走、卧躺等。此外，尽管ResNet算法较深，但由于残差结构的引入，它的收敛速度较快。在相同计算资源下，ResNet算法可以更快地达到较优的识别性能。

二、复杂养殖环境下的改进算法

由于在复杂养殖环境下光照、牛之间、建筑与牛之间的遮挡、摄像头差异等原因造成图像质量不一、牛轮廓不完整等问题，需要采用光流法、细粒度分类算法等提高图像识别精度与效率。

（一）光流法

1. 原理

光流法（Optical Flow）是一种在计算机视觉中广泛应用的运动估计方法。光流是空间运动物体在成像平面上的像素运动的瞬时速度。光流法旨在利用图像序列中像素在时间域上的变化以及相邻帧之间的相关性，通过建立上一帧与当前帧之间存在的对应关系计算相邻帧之间物体的运动信息。通过分析图像中像素或特征点的运动轨迹计算目标的运动方向和速度，为后续的图像处理、视频分析、目标跟踪等任务提供数据支撑。

光流法的基本原理基于两个核心假设：一是相邻帧之间的亮度恒定，即同一目标在不同帧间运动时，其亮度不会发生改变；二是时间连续或运动是"小运动"，即时间的变化不会引起目标位置的剧烈变化，相邻帧之间位移要比较小。这两个假设共同构成了光流法的基本框架。在此基础上，光流法通过比较相邻帧之间像素点或特征点的灰度值变化，计算出物体在图像中的运动速度和方向。

2. 特点

光流法在牛智能监测中的应用方法多种多样，包括基于梯度、匹配、频率、相位和神经动力学方法等。其中，基于梯度的方法因其计算简单且效果良好而得到广泛应用，能有效地捕捉和分类包括站立、行走、饮水等小幅度动作行为模式的牛。

对于运动模糊的牛或快速运动的牛，光流法的计算精度可能会受到影响。这对于实时监测系统来说尤其关键，因为需要准确捕捉每一帧中的行为变化。此外，光流法通常只能计算相邻帧之间的运动轨迹，导致在监测牛的转身、跳跃、跑动等行为时精度较低。

复杂养殖环境中的光照条件可能会经常变化，影响光流法的计算结果。在实际应用中，需要根据具体情况选择合适的光流法实现方法，并采取相应的措施来提高其计算精度和鲁棒性。可以结合多种算法或引入预处理步骤，如光照补偿和运动模糊校正，以增强系统的稳定性和准确性。

（二）细粒度分类算法

1. 原理

细粒度分类（Fine-Grained Classification）算法，主要用于对属于同一基础类别的图像进行更加细致的子类划分。与传统的粗粒度算法相比，细粒度算法更加关注数据的微观结构和特征，以实现对复杂问题的精确解析和处理。它通过细分任务、优化局部操作或引入更精细的数据表示方式，来提高算法的性能和准确性。细粒度算法在图像处理、自然语言处理、生物信息学等多个领域有着广泛的应用，能够帮助研究人员和开发者更深入地理解和解决具体问题。

细粒度算法的核心思想在于精细化分割与深度优化。它将复杂的问题或数据集分割成多个更小的、易于管理的细粒度单元部分，每个部分都可以独立地进行分析和处理。这种分割策略有助于减少算法整体的复杂性和计算负担。此外，细粒度算法在处理每个细粒度单元时，都会采用更精细、更优化的方法，以充分挖掘和利用数据的内在规律和特征。这种精益求精的态度使得细粒度算法能够在处理复杂问题时获得更高的精度和效率。

2. 特点

细粒度算法在牛智能监测中的应用具有多个显著优势。它能够更准确地捕捉和表示牛行为数据的微观特征和细节，从而在处理高精度解析监测任务时表现出色。细粒度算法可以精确区分牛的采食、饮水、行走和卧躺等行为模式，提高行为识别的准确性。此外，细粒度算法通过细分任务和优化局部操作，降低了整体计算复杂度和时间成本。这意味着可以更高效地处理大量监测数据，实现实时监控和分析。

然而，细粒度算法在牛智能监测中也面临一些挑战。随着数据量的增加和复杂性的提高，细粒度单元的划分和管理变得更加困难。管理大量细粒度单元需要有效的数据处理和存储策略，否则会导致系统复杂度上升。此外，对每个细粒度单元进行精细处理可能导致整体性能的下降，包括由于过多的计算开销而影响系统的实时性。因此，在设计细粒度算法用于牛智能监测时，需要权衡算法的精度、效率和复杂度等因素，以实现最优的性能表现。

第六节
基于北斗三代技术的牦牛放牧跟踪技术

在现代化农业技术的浪潮中，北斗卫星导航系统以其高精度、全天候、全球覆盖的特点，为畜牧业尤其是放牧管理带来了革命性的变革。北斗三代作为最新一代的卫星导航系统，其在放牧领域的应用，不仅提高了生产效率，还促进了资源的可持续利用，成为现代畜牧业中不可或缺的一部分。

一、北斗定位技术原理

北斗定位技术是中国自主研发的卫星导航系统，历经三代发展，每一代都在前一代的基础上进行了显著的改进与升级。北斗一代卫星导航系统是中国自主研制的全球卫星导航系统的重要组成部分，其核心功能体现在三个方面：定位服务、授时功能以及短报文通信服务。在定位方面，北斗一代通过至少三颗卫星，利用多星交叉定位技术，提供精确的经纬度坐标信息。北斗一代的服务区域覆盖东经 70°～140°，北纬 5°～55°。定位精度优于 100m。其短报文通信功能一次可发送 60 个汉字的消息。目标定位、电文通信、位置报告等任务一般情况下只需要几秒钟。这使这项技术在放牧牛定位、草场载畜量评估等应用领域具有重要的价值。

二、技术特点

北斗三代系统在全球卫星导航领域中，以其高精度、广覆盖性和多功能性显著提升了定位和通信服务水平，为各行各业带来了革命性的改进。

高精度：北斗三代系统在定位精度方面的提升堪称显著，这主要得益于其采用的新一代卫星技术和精密单点定位（PPP）技术。通过这些先进技术的加持，北斗三代系统实现了定位精度的飞跃式提升，在亚太地区，其定位精度可以达到 5m 以内，甚至可以实现厘米级的高精度定位。这种高精度定位技术为各行各业提供了更加准确、可靠的位置信息，提升了相关行业的工作效率，推动了这些行业的快速发展。

广覆盖性：北斗三代全球卫星导航系统采用先进的星座设计理念，其由 30 颗卫星组成，包括 3 颗地球同步轨道（GEO）卫星、3 颗倾斜地球同步轨道（IGSO）卫星和 24 颗中圆地球轨道（MEO）卫星。其中，地球同步轨道卫星位于距离地球表面约 36000km 的高空中，由于地球同步轨道与地球自转速度相匹配，这些卫星能够固定在地球赤道上空，为特定区域提供持续稳定的导航信号。倾斜地球同步轨道卫星则呈一定角度分布在地球表面，使得无论在全球的哪个角落，用户都可以接收到至少一颗来自 IGSO 卫星的信号，进一步增强了系统的覆盖能力和定位精度。而中圆地球轨道卫星数量最多，它们围绕地球运行在距离地面约 20000km 的轨道上，由于轨道高度适中，这些卫星能够覆盖更广阔的地域范围，并且通过多颗 MEO 卫星的协同工作，可以实现全球范围内的无缝导航与定位服务。

多功能：北斗三代系统作为我国自主研发的全球卫星导航系统，其功能相较于前两代系统有了更为全面的提升和拓展。除了继承了传统意义上的定位、导航和授时等基础功能之外，北斗三代系统还具备全球短报文通信和放牧定位等特色功能。这些功能的增加不仅增强了系统的实用性和灵活性，更使得北斗三代系统在牦牛放牧等领域具有了无可比拟的优势。通过短报文通信功能，用户可以在无移动网络覆盖或通信条件恶劣的地区，利用北斗三代系统进行信息传递，实现远程监控和及时沟通。这一功能的优势在于，它可以在任何地方实现通信，无论是在城市还是偏远地区，只要有北斗三代系统的覆盖，就可以进行短报文通信。这使得在通信条件恶劣或移动网络无法覆盖的地区，人们可以借助北斗三代系统进行信息交流，解决了通信难题。通过卫星定位技术，实时追踪牦牛的位置信息，使牧民可以清楚地知道自己的牦牛在哪里，有多少只。同时，北斗三代系统还可以提供牦牛的行动轨迹和活动范围等信息，帮助牧民更好地了解牦牛的行为习惯和放牧效果。这使得牧民可以更加高效、精准地管理自己的放牧工作，提高放牧效率和经济效益。

三、北斗三代牦牛放牧定位项圈

放牧牛智能监测系统基于北斗卫星导航系统的高精度导航定位和短报文信息回传技术，实现了对放牧牛的实时高精度定位。该系统能够实时追踪牛群的运动轨迹、采食行为和健康状况，并通过卫星或移动网络将数据传输至管理平台。牧民使用配备有北斗接收模块的智能设备，可以实时查看牲畜的位置信息。这种精准定位能力，使得牧民能够迅速找到并管理牲畜，避免了传统放牧方式中因牲畜走失而造成的损失，同时也为科学规划放牧路线、优化资源配置提供了坚实的数据基础。

此外，系统还具有轨迹跟踪和电子围栏功能。其中，轨迹跟踪功能能够实时记录牛群的运动路线，帮助牧民了解牛群的活动范围，以便优化放牧区域和时间。电子围栏功能则可以通过划定虚拟边界来设置放牧边界，如图 2-7 所示。当牛群接近或越过"禁牧区"时，系统会立即发出警报，防止牛群走丢或进入危险区域。通过这些功能，养殖者可以更好地管理和保护牛群，提高放牧的效率和安全性。电子围栏与放牧跟踪示意图如图2-7 所示。

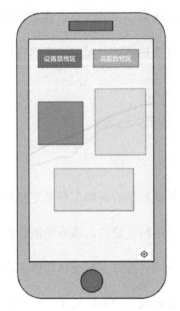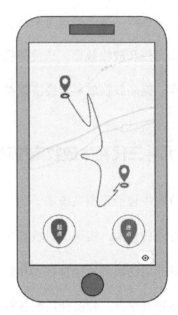

图2-7　电子围栏与放牧跟踪

第七节
牛行为监测与放牧跟踪技术实施案例

在畜牧业现代化养殖环节中，对于牛行为的监测，由于个体在成长过程中因性格和年龄差异而表现出不同的行为模式，加上缺乏有效的个体识别技术，因此对不同行为持续时间的准确统计变得困难。目前尚缺少系统化的方法来有效追踪和深入分析牦牛的行为。因此案例提出一种基于

YOLOv8 模型的牛行为跟踪管理系统，实现对牛采食、站立、躺卧等相关行为的长时间跟踪监测。

一、材料和方法

（一）材料

本案例在四川农业大学畜禽养殖基地进行实验。实验对象为单栏饲养的 23 头 18 月龄牦牛，分别饲养在单栏牛圈中。在单栏的正前方和正后方安装了摄像机，用于采集牦牛的行为视频，并使用边缘计算器对牦牛行为进行实时监测计算，同时将结果上传至云端。圈舍如图 2-8 所示。

（二）方法

本案例总体技术路线如图 2-9 所示。从每日牦牛视频中，选择了连续的 12 小时日间活动视频，并通过图像抽帧技术从这些片段中提取出大量的监控画面图片。采用专业图像标注软件 LabelImg 对图片中出现的牛身体进行标注。随后，使用这些标注后的牦牛图像对 YOLOv8 模型进行训练，获取未来牦牛行为模式识别阶段所需的权重。由于牦牛在单栏饲养环境中，不同行为保持相对固定姿态，其在采食、站立和躺卧时在垂直空间上呈现出明显的活动范围界限，在管理方法程序中设定三条位置界限识别水平分界线，通过比较牦牛目标检测框上边缘与三条识别分界线的高低位置关系，建立牦牛行为识别模型，如图 2-10 所示。

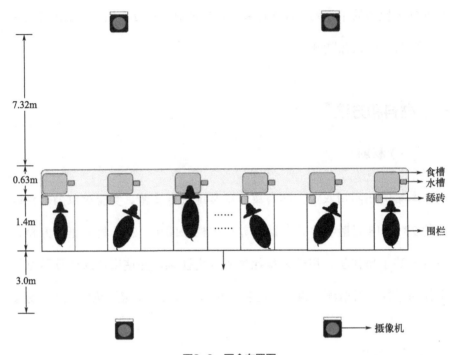

图2-8 圈舍布置图

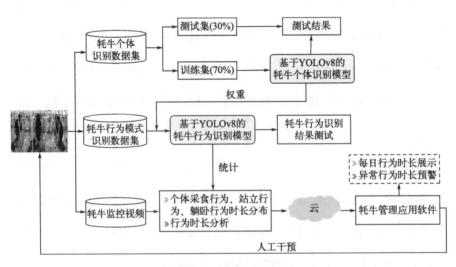

图2-9 总体技术路线

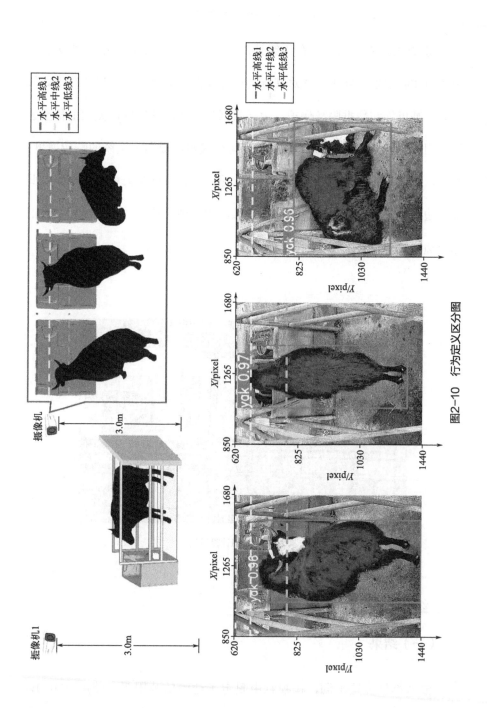

图2-10 行为定义区分图

将 YOLOv8 算法部署在边缘计算器上，以确保快速、准确地从监控视频中实时识别出牦牛，并对其行为进行监测。边缘计算的优势在于其低延迟、高可靠和数据隐私保护。由于数据处理在本地完成，无须上传至云端，因此养殖户减少了数据传输的时间和成本，提高了系统的响应速度。同时，边缘计算还能有效缓解云端的计算压力，降低对云资源的依赖。此外，边缘计算还能更好地保护数据隐私，避免敏感信息在传输过程中被泄露。边缘计算设备如图 2-11 所示。

图2-11   边缘计算设备

二、结果与分析

（一）结果

根据单栏位置不同，在视频中限定了适当的范围后，使用 YOLOv8

网络对每头牦牛进行检测。牦牛个体监测的精度为99.96%。通过视频数据对牛的采食、站立、躺卧行为进行自动跟踪与分析，实现了较高的识别精度（97.19%）。图2-12展示了两次试验中进食、站立和躺卧行为检测混淆矩阵的分类性能。

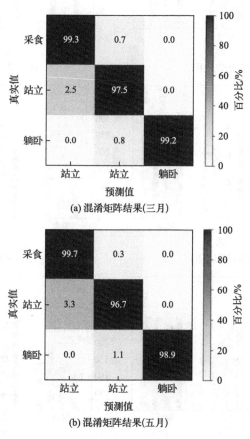

(a) 混淆矩阵结果(三月)

(b) 混淆矩阵结果(五月)

图2-12　三月和五月行为识别混淆矩阵

对采食、站立、躺卧行为分布进行可视化统计，如图2-13所示。

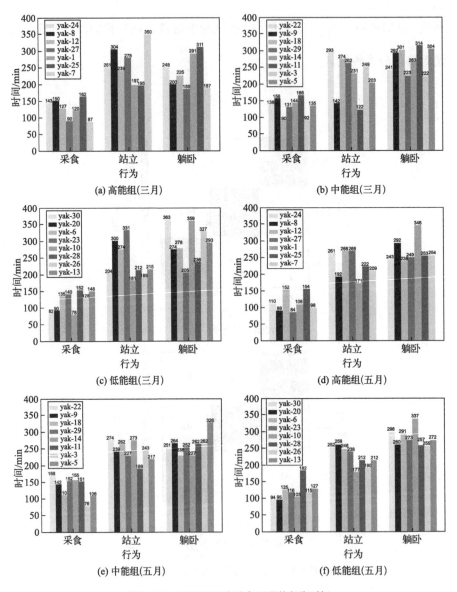

图2-13 三月和五月牦牛每日平均行为时长

如图 2-14 所示，牦牛行为监测与管理应用程序每天更新数据，包括采食、站立、躺卧行为时长和异常行为时长预警。

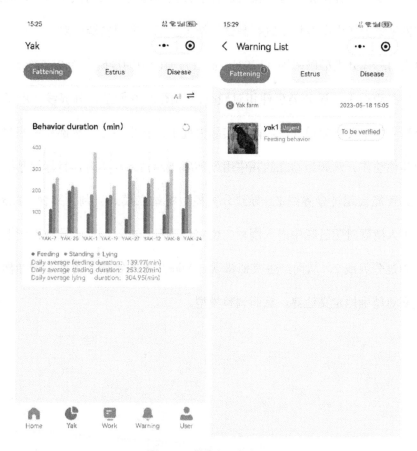

图2-14　微信小程序页面

（二）分析

在本案例中，YOLOv8 模型以较高的检测精度（超过 99.93%）识别出单栏里的牦牛，随后结合 YOLOv8 模型与改进的定位模型，对采食、站立、躺卧三种重要的行为模式进行了分类与监测。在两次实验中，通过随机采集的牦牛图像样本进行测试。结果显示，三月实验中对这三种行为模式的总体分类准确率为 97.19%，而五月实验中的准确率为 96.67%。

在测试中，误分类事件相对较少。如图 2-10 所示，分界线 2 用于区分站立与采食行为模式。然而在实际情况下，牦牛站立时头部和颈部常伴随其他动作。例如当站立的牦牛用颈部摩擦围栏或食槽时，目标检测框的上部可能会越过分界线 2，导致分类模型将站立模式误判为采食。此外，在工人清理时驱赶牦牛进入围栏，使它们侧身站立，同样会导致检测框上部越过分界线 2，从而产生类似错误。为减少此类错误，可通过增加样本量来更精确地定义边界，从而调整模型。

第三章

牛体重体尺自动测量与管理

第一节
概　述

传统牛体重监测在实践中面临着诸多挑战，其核心难题在于操作过程的复杂性与对牛造成的潜在应激影响。一方面，传统的体重监测方法往往需要将牛从饲养环境中转移至特定的称重区域，这一过程不仅耗时耗力，还可能破坏牛原有的生活习性和社群结构，进而引发不必要的应激反应。另一方面，牛对环境的改变极为敏感，转移过程中的噪声、光照变化、人员操作等因素均可能成为应激源，导致牛出现行为异常、生理指标波动乃至免疫力下降等，长期而言还可能影响其生长性能和肉质品质。称重记录显示，仅一次称重可能会使得牛掉秤 2～10 斤，并且会影响接下来 3 天内的饲料摄入，单头牛预计损失 70 元。因此，探索和开发低应激、高效率的牛体重监测新技术，成为当前畜牧业研究与实践的重要方向。

随着计算机视觉、人工智能等技术的快速发展，牛体尺体重自动识别技术应运而生。该技术通过非接触式的方式，利用高清摄像头捕捉牛图像，结合深度学习算法对图像进行分析处理，自动提取牛包括体高、休长、胸围在内的关键体尺参数并估算体重，提高了测量效率和准确性。

牛体尺体重自动识别技术的核心在于深度学习算法的应用。具体来说，该技术利用高清摄像头对牛进行多角度拍摄，获取包含丰富信息的图像数据。然后，通过图像预处理、特征提取、目标检测等步骤，将图像中的牛从背景中分离出来，并识别出颈部、肩部、腰部等关键部位。接着，利用预训练的深度学习模型对识别出的部位进行精确测量，计算出牛的体尺参数。最后，根据体尺参数与体重之间的关系模型，估算出牛的体重。整个过程实现了从图像到数据的自动转换，无须人工干预，提高了测量效率和精度。根据采集数据类型的不同，可分为基于三维程序的体尺体重自动测量和基于二维图像的体尺体重自动监测。

第二节
基于三维图像的牛体尺体重自动测量与管理

在畜牧业现代化进程中，体尺体重的精确测量对于评估牛生长状态、优化饲养管理策略至关重要。传统的手工测量方法受限于人为误差和效率低下，已难以满足现代畜牧业的需求。为此，基于三维程序的体尺体重自动测量技术应运而生，它标志着测量方式的革命性飞跃。该技术通过高精度的三维扫描设备，包括激光雷达或立体相机，对牛进行全方位、无接触的扫描，构建出牛的三维模型。随后，利用先进的算法分析该模型，自动提取出牛的体尺参数，包括体长、体高、胸围等，并基于这些参数结合数学模型估算出体重。这种非接触、自动化的测量方式，不仅提高了测量的准确性和效率，还减少了牛的应激反应。

基于三维程序的体尺体重自动测量技术，核心在于三维扫描与数据处理技术紧密结合。三维扫描设备通过发射并接收激光或光脉冲，获取牛表面的点云数据，这些数据点共同构成了牛的三维形状。接着，利用点云处理算法对原始数据进行去噪、滤波、配准等预处理操作，以提高数据质量。最后，通过表面重建技术将点云数据转换为三维网格模型，该模型能够更直观地展示牛的外形特征。在此基础上，算法自动识别并测量出牛的关键体尺参数。最后，根据预先建立的体尺与体重之间的关联模型，估算出牛的体重。整个流程实现了从数据采集到结果输出的全自动化，提升了测量的便捷性和精度。

基于三维程序的体尺体重自动测量技术在畜牧业中具有显著优势，但也存在不容忽视的局限。高昂的设备成本是制约该技术广泛推广的关键因素之一。高精度的三维扫描设备集成了复杂的传感器、处理器和算法，这些组件的制造成本较高，导致整个系统的初期投资较大。对于许多中小型养殖场而言，这样的投资可能超出其经济承受能力，从而限制了该技术的普及率。其次，技术复杂性与操作难度也是该技术的一大缺点。三维扫描与数据处理涉及多个学科领域的知识，包括计算机科学、图像处理、机器学习等，要求操作人员具备较高的专业素养和技术能力。这在一定程度上增加了系统的使用门槛，使得非专业人员难以快速上手并有效利用该技术。在未来的研究和应用中，需要不断探索降低成本、简化操作、提高适应性和稳定性的有效方法，以推动该技术在畜牧业中的广泛应用和深入发展。

一、硬件设备——深度相机

1. 深度相机工作原理

在探索动物行为学与生态学奥秘的广阔领域中，包括 Kinect、RealSense 等深度相机正逐步成为科研人员手中不可或缺的工具，其独特优势日益凸显。这些高科技设备超越了传统 RGB 摄像头的功能范畴，不仅捕捉到了物体表面的色彩与纹理信息，更通过精密的深度感应技术，如结构光投射与飞行时间（Time of Flight，TOF）测量，实现了对场景中每一个点至相机镜头之间三维空间距离的精确测量。这一革命性的进步，为野生动物监测、行为模式解析以及体型参数测量等领域的研究注入了新的活力。

在实际应用中，科研人员利用深度相机能够实时获取动物活动区域的高分辨率深度图像。这些图像不仅直观展示了动物在自然环境中的动态行为，如觅食、迁徙、繁殖等关键活动，还通过深度数据的详细记录，揭示了动物身体各部位在三维空间中的精确位置、运动轨迹以及相互之间的空间关系。这种能力对于深入理解动物的行为模式、社交互动以及环境适应策略具有重要意义。

此外，深度相机在动物体型测量与三维重建方面也展现出了巨大的潜力。通过对深度图像中动物身体轮廓的精确提取与深度信息的综合分析，科研人员能够构建出高精度的动物三维模型。这些模型不仅包含了动物的形状、尺寸等基本信息，还能够反映出动物体表的细微凹凸特征以及整体体积等复杂参数。这些数据的获取为动物形态学、生物力学以及生态位分析等领域的研究提供了重要的支持。

2. 深度数据的采集与分析

使用 Kinect、RealSense 等深度相机捕捉动物的深度图像时，深度相机能够测量场景中各点到相机的距离，生成包含深度信息的图像。在牛养殖业中，体重是评估生长状况与经济效益的重要指标之一。为了实现精准管理，通常采用先进的深度相机技术来采集牛的体重深度数据。该技术通过非接触式测量，能够准确捕捉牛身体各部位的体积与密度信息，进而推算出精确的体重值。这一过程不仅减少了人工测量的误差与劳动强度，还实现了对牛体重的连续、实时监测。通过分析这些数据，我们可以掌握牛的生长曲线，评估饲养效果，为调整饲养方案、优化饲料配方提供科学依据。

进一步对牛体重深度数据进行深入分析，有助于揭示其生长发育的内在规律。可以观察到体重增长与年龄、性别、品种、饲养环境等因素之间的关系，以及这些因素如何相互作用影响牛的体重。此外，通过对比不同饲养条件下的体重数据，我们可以评估不同饲养策略的效果，为制订更加科学合理的饲养管理方案提供依据。这种基于数据的分析方法，不仅提高了牛养殖的精准度和效率，还有助于推动整个行业的可持续发展。

二、算法与计算流程

（一）多模态信息融合——RGB 图像与深度图像的结合

1. 多模态信息融合原理

RGB 图像与深度图像的结合，是多模态信息融合在计算机视觉领域的一种重要应用。RGB 图像，即常规的彩色照片，包含了丰富的色彩和纹理信息，这些信息对于识别和解析物体表面的视觉特征至关重要。而深度图像，则通过传感器捕捉到每个像素点在三维空间中的位置信息，揭示了物体表面的几何结构。

在体重估算的场景中，结合 RGB 图像与深度图像的优势，可以更全面、准确地获取牛体型信息。通过深度信息，可以精确捕捉牛的轮廓边界，即使在复杂背景或不同光照条件下也能保持稳定的特征表示；而RGB 信息则可以提供丰富的外观、体型细节等特征，有助于提高体重估算的精确度。具体实现上，可以利用深度学习等机器学习方法，将 RGB 图像与深度图像进行有效融合，提取出更具有区分度和鲁棒性的特征。通过这样的多模态信息融合技术，可以进一步降低体重估算的误差，提高其可靠性，并有望解决单一模态难以解决的问题，如因光线、视角变化导致的估算偏差。

2. 数据处理流程

在数据处理流程中，身体参数的提取是体重分析的关键步骤之一。该过程首先进行特征检测与标注，通常利用先进的图像处理技术，在深度图像与 RGB 图像的融合下，精确识别并标注出动物的关键身体部位。随后，通过结合深度图像中丰富的深度信息和 RGB 图像中提供的视觉特征，进行身体尺寸测量。这些信息共同作用于测量算法，实现对动物体长、体宽、臀宽等关键身体尺寸的准确量化。这些身体尺寸作为体重估算的重要参数，其精确测量对于后续体重分析模型的构建与验证至关重要。这一系统的数据处理流程能够有效地从三维图像数据中提取出与体重紧密相关的身体参数，为后续的科学研究与健康管理提供有力支持。

（二）三维点云生成

在三维重建与形态分析的高级领域中，将深度图像精准地转换为三维点云数据是一项核心且复杂的技术任务。这一过程不仅要求高度的精确性，还需兼顾处理效率与数据完整性，以支持后续深入的科学研究与实际应用。

深度图像的获取是转换过程的起点，它依赖于先进的深度传感器技术。这些传感器能够捕捉场景中每个像素点到相机平面的实际距离，形成一幅独特的深度图。与传统的二维图像不同，深度图提供了物体表面三维形态的直接线索，为三维重建提供了宝贵的原始数据。此外，将深度图像中的像素级深度信息转换为三维空间中的点云数据，需要一系列复杂的图像处理和计算机视觉算法的支持。这些算法解析深度图像中的每一个像素，提取其对应的深度值，并据此计算出该像素点在三维空间中的位置坐标 (x, y, z)。这一转换过程要求高度的准确性，因为任何微小的误差都可能在后续的三维重建中被放大，影响最终模型的精度。随着深度信息的逐点转换，能得到一个庞大的三维点集合，即点云数据。这些点云数据不仅包含了动物表面的几何形状信息，还隐含了表面的纹理、粗糙度等细微特征。通过点云数据的可视化与分析，研究人员可以直观地观察动物的三维形态，进行形态学参数的测量与比较。

（三）深度图像的配准与融合技术

单一视角的深度图像往往只能捕捉到动物表面的部分信息，存在视角盲区和遮挡问题。为了构建更加完整、精确的三维模型，通常采用多视角深度图像融合的方法。在动物三维模型构建的过程中，通过深度图像的配准与融合技术，可以显著提升模型的完整性和精确性。深度图像提供了物体表面丰富的距离信息，它不同于传统的二维图像仅能反映物体某一视角下的轮廓特征，深度图像能够精确捕捉到每一个微小表面的三维空间位置。因此，收集来自多个视角的深度图像，就如同给动物模型提供了全方位的"照片拼图"，每一片"拼图"都在其特定角度下贡献了动物外表或内部结构的关键信息。

配准技术是这一过程中的关键环节，将不同视角下采集的深度图像数据进行精准对齐，确保各个视图间的几何变换关系正确无误。这样一来，无论是对于具有复杂形态或纹理的动物外表，还是内部精细解剖结构的重建，都能确保信息的一致性和连贯性。

融合技术则进一步强化了这一过程，它将经过精确配准的多个视角的深度图像整合在一起，生成一个无缝衔接、各部分相互支撑的三维模型。这种融合不仅体现在视觉层面，更是深入到了数据层面，使得模型在几何尺寸、形状细节等方面都获得了提升。

（四）三维模型优化与精度提升

在三维模型构建的后期阶段，优化处理是不可或缺的一环。这一过程通过平滑、去噪等手段，提升模型的准确性和美观度，同时保留其必要的细节特征。为了实现这一目标，通常采用网格细分和表面重建等先进的方法和技术。这两种技术通常共同作用于模型，相辅相成，提高了模型的准确性。

网格细分是优化三维模型精度的一种重要手段。该技术通过对现有的三角形网格进行精细化的处理，不断增加其细节层次（LOD），从而显著提升模型的几何精度和表面细腻度。具体而言，网格细分会迭代地将每个三角形拆分为更小的三角形单元，如四个或更多，这样不仅可以减少模型表面的锯齿状不平整现象，还能更真实地还原物体的细微结构和纹理特征。

另外，表面重建技术也是提升三维模型精度的关键。这项技术特别适用于由点云数据、深度图像等扫描数据源转化而来的模型。通过采集详尽且高质量的测量点数据，并借助泊松重构、alpha shapes 等先进的表面重建算法，能够精确地捕捉并还原物体表面的微小几何特征和复杂拓扑结构。这样，最终生成的三维模型将具有极高的几何精度，能够更加真实地反映原始物体的形态和细节。

（五）基于三维模型的体重估算

在动物体型分析与体重估算的实践中，利用三维模型中的体积信息已成为一种高效且精确的方法。该方法依赖于高精度的三维扫描技术或专业建模软件，实现对动物体型的精准数字化重建，生成能够详尽反映其身体各部位尺寸、形状及空间布局的三维模型，并运用先进的计算机视觉与图形处理技术，对三维模型进行深入分析，以计算出模型在虚拟空间中的总体积。此体积数据不仅包含直观的几何尺寸，还蕴含了动物身体各部分间复杂空间关系的立体信息。

结合动物肌肉、骨骼、脂肪等组织的平均密度，可依据公式"体重 = 体积 × 密度"进行体重的初步估算。值得注意的是，由于动物种类、年龄、性别、健康状况及生理阶段的不同，其密度可能存在差异，因此在实际应用中，可能需要依据特定动物种类的特性，通过经验公式或查表法来获得更为精确的体重估算值。

此外，还可以进一步利用统计学和数学建模方法，构建身体尺寸与体重之间的相关性模型。通过收集大量具有代表性的动物体型数据与体重记录，运用回归分析等技术手段，探索并确定两者之间的数学关系。这一模型能够为未知体重的动物个体提供基于其身体尺寸的体重估算，有效解决了直接称重困难或数据获取受限的问题。

（六）验证与优化

在验证精度方面，采用已知体重的动物进行严格的实验验证是至关重要的。通过比较估算结果与实测值之间的差异，可以科学地评估体重估算方法的准确性。基于验证结果，对算法进行必要的优化与调整，旨在提升估算的精确度和稳定性，确保方法在实际应用中的可靠性。

在持续优化方面，随着科技的飞速发展和数据资源的日益丰富，算法与模型的优化成为一个持续不断的过程。通过引入最新的技术成果，如更高效的图像处理算法、更精确的三维重构技术等，可以不断提升体重估算的精度和适用性。同时，随着数据集的扩大和多样化，机器学习模型能够学习到更多复杂的特征关系，从而进一步提高估算的准确性。

第三节
基于二维图像的体尺体重自动监测与管理

基于二维图像的体重自动监测技术利用高清摄像头捕捉牛的多角度二维图像，通过图像处理与机器学习算法的深度分析，实现了对牛体尺参数的自动提取与体重的估算。将二维图像传感器技术应用于牛体重测量时，是通过从不同视角捕捉牛的体尺特征，如体表面积、体长、臀高、胸围以及其他形态参数，从而构建动物体重预测模型。

基于二维图像的体尺体重自动监测技术，核心在于图像处理与智能识别技术的融合应用。高清摄像头在控制条件下拍摄牛的多张二维图像，这些图像涵盖了牛的前视、侧视及俯视等关键视角，以尽可能全面地反映牛的外形特征。随后，图像处理算法对图像进行预处理，包括去噪、增强对比度、边缘检测等步骤，以提高图像质量并突出牛轮廓。接着，利用机器学习模型对处理后的图像进行智能识别，自动识别出牛的头部、肩部、臀部等关键部位，并据此测量出体长、体高、胸围等体尺参数。最后，基于这些体尺参数和预设的体重估算模型，系统能够自动计算出牛的估算体重[40]。

一、硬件设备——二维相机

1. 二维相机工作原理

二维相机基于光学成像和光电转换的科学原理。当光线进入相机镜头时，它会经过镜头内部的光学元件，如透镜组，进行折射和聚焦，以形成一个清晰的图像。这一图像随后被投射到相机的图像传感器上，通常是CMOS（互补金属氧化物半导体）或 CCD（电荷耦合器件）传感器。这些传感器由许多微小的光电元件组成，每个元件都能够根据接收到的光强度产生相应的电信号。

在图像传感器上，光线被转换为电信号的过程是自动且连续的。每个像素位置上的光电元件都会累积与光强成比例的电荷。随着光线的持续照射，电荷量逐渐增加，直到达到一定的阈值或曝光时间结束。随后，这些累积的电荷会被转换成数字信号，这一过程通常通过 A/D 模数转换器实现。数字信号随后被相机内部的图像处理单元进一步处理，可能包括颜色校正、噪声抑制、图像锐化等步骤，以生成最终的高质量数字图像。这些图像可以被存储在相机的存储器中，或通过接口传输到计算机或其他设备进行查看、编辑和分享。

2. 二维数据的采集与分析

在畜牧业中，利用先进的二维相机技术对牛进行拍照以预测其体重，已成为一种高效且非侵入性的管理手段。将二维相机安装在适宜的拍摄位置，确保能够捕捉到牛的正侧面或全身清晰图像。拍摄时，需注意光照条件的均匀性，以减少阴影对图像质量的影响。随后，通过图像处理软件自动提取牛的体型特征，如体长、胸围、臀围等关键尺寸信息。这些信息被输入到预先训练好的体重预测模型中，该模型由大量牛的实际体重与对应图像特征数据训练而成，能够迅速且准确地估算出牛的体重。这一过程不仅提高了养殖效率，还减少了人工测量的误差和劳动强度。

为了进一步提升牛体重预测的精度，采用二维相机拍照时还需注意几个关键点，包括确保牛在拍照前处于放松状态，避免因紧张而导致体型扭曲，影响图像分析的准确性。此外，利用相机的自动对焦和曝光调节功能，确保每一张照片都能清晰展现牛的细节特征。在图像采集完成后，运用先进的图像分割和边缘检测技术，自动识别并提取出牛的关键轮廓线，为后续的特征提取和体重预测提供精准的基础数据。定期更新和优化体重预测模型，通过不断引入新的牛图像与体重数据，提升模型的适应性和准确性，确保预测的体重值更加贴近实际，为养殖决策提供有力支持。

二、算法与计算流程

（一）边缘提取算法

Canny 算子是一种经典的边缘检测算法，由 John F. Canny 于 1986 年提出。该算法旨在找到图像中的边缘点，并且被广泛应用于图像处理和计算机视觉领域。Canny 算子的设计目标是确保检测到的边缘精确且具有良好的连续性，同时抑制噪声对边缘检测的影响。为了实现这些目标，Canny 算子通过多步骤的处理流程，包括高斯滤波、梯度计算、非极大值抑制和滞后阈值处理等，使其在边缘检测任务中表现出色。

Canny 算子的工作流程可以分为四个主要步骤：①应用高斯滤波器对图像进行平滑处理，以减少噪声对边缘检测的干扰；②计算图像的梯度幅值和方向，通常通过 Sobel 算子来实现；③执行非极大值抑制，仅保留梯度方向上局部最大值的像素点，去除非边缘点；④采用双阈值法进行滞后阈值处理，确定最终的边缘图像。高阈值用于检测强边缘，低阈值用于连接边缘，这样能够有效去除孤立的噪声点，并确保边缘的连贯性。通过这些步骤，Canny 算子能够提供精确且连贯的边缘检测结果，被广泛应用于图像分析和计算机视觉领域的各种任务中。

（二）线性回归方法

线性回归是一种统计方法，用于研究两个或多个变量之间的线性关系。通过构建线性回归模型，我们可以根据一个或多个自变量（特征变量）来预测因变量（目标变量）的值。在牛体重估算中，线性回归方法可以利用牛的体况尺寸（如体长、体宽、臀宽等）作为自变量，通过拟合一条最佳的直线，来预测牛的体重。这个最佳拟合线通过最小化预测值与实际值之间的差异（残差），来确定回归系数，从而建立起体况尺寸与体重之间的线性关系。

线性回归方法的主要优势在于简单性和易解释性。通过回归系数，可以量化每个体况尺寸对体重的影响程度，这有助于理解各个尺寸在体重估算中的重要性。此外，线性回归模型的计算效率高，适用于大规模数据的处理。在实际应用中，通过对历史数据进行训练，可以获得可靠的回归模型，并用于实时估算牛的体重。这对于养殖管理、健康监控和生产优化具有重要意义，可以帮助养殖者更好地进行饲养决策，提高生产效率。

（三）基于二维图像的体重预估

在处理一些简单的应用场景时，RGB 图像中的颜色、纹理等特征可直接用于牛体重的初步估算。RGB图像捕捉了牛体表的颜色分布、纹理变化等视觉信息，这些信息间接反映了牛的体型结构和肌肉发育情况，对体重评估具有参考价值。

为了实现基于RGB图像的牛体重估算，需要构建一个准确的体重估算模型。该模型应基于科学原理，并依托大量实验数据进行训练和优化。在模型构建过程中，采用深度学习、图像处理等先进技术，从RGB图像中提取出与牛体重密切相关的特征，包括身体轮廓、肌肉纹理、脂肪沉积等。随后，利用回归分析、机器学习等算法，将提取的图像特征与实际的牛体重数据相结合，训练出能够准确映射图像特征到体重值的模型。通过不断迭代和优化，模型能够提升对牛体重的预测精度。

虽然基于RGB图像的体重估算方法在某些简单应用场景下具有可行性，但其精度仍受到多种因素的影响，如光照条件、图像质量、牛种类及个体差异等。因此，在实际应用中，需要根据具体情况对模型进行调整和优化，以提高估算的准确性。此外，对于特定种类的牛，还需收集足够的训练数据来支持模型的训练过程。这些数据应包括不同体型、年龄、性别的牛图像及其对应的实际体重信息，以确保模型能够全面覆盖并准确反映牛体重的变化范围。

相比于三维扫描技术，二维图像监测系统的初期投资较小，更适合中小型养殖场的实际情况。同时，二维图像处理算法的复杂度相对较低，操作人员经过简单培训即可上手操作，降低了技术门槛。然而，基于二维图像的体尺体重自动监测技术也存在一定的局限性。由于二维图像仅能提供物体的平面信息，缺乏深度数据，在处理复杂形态或存在遮挡情况的牛时，可能存在一定的测量误差。图像质量受到光照条件、拍摄角度、背景干扰等多种因素的影响，这些因素都可能影响测量的准确性和稳定性。因此，在实际应用中，需要优化图像采集环境、提高图像处理算法的鲁棒性，以确保测量结果的可靠性。

（四）验证与优化

验证与优化在基于二维图像的牛体重估算中至关重要。验证过程旨在评估体重估算模型的准确性和稳定性，确保其在不同条件下均能提供可靠的结果。通常，使用独立的测试数据集对模型进行验证，这些数据集应包括未参与训练的牛图像及其对应的实际体重信息。通过计算预测体重与实际体重之间的误差，可以量化模型的精度。此外，交叉验证方法也常用于进一步评估模型的性能，确保其在不同数据分割情况下的稳定性。

优化过程则旨在提升模型的预测精度和鲁棒性。通过调整模型参数、优化算法结构和引入正则化等技术，可以减少过拟合现象，提高模型的泛化能力。其次，数据增强技术，如旋转、缩放和翻转图像，有助于扩展训练数据集，提高模型在不同拍摄条件下的表现。最后，通过持续收集新的训练数据和定期更新模型，可以不断提升体重估算的精度和可靠性。这些优化措施共同作用，确保模型能够在实际应用中高效、准确地估算牛体重。

第四节
牛体重体尺自动测量与管理实施案例

在评估牦牛生长发育状况方面，活体重量（Live Body Weight，LBW）是一个重要指标。以往的研究主要是基于体重与 2D、3D 图像测量值之间的相关性。在 3D 图像分析中，为了从多个角度进行精确估算，通常需要在圈舍外安装 Kinect 摄像头。这要求动物必须被引导到摄像机前，往往需要人力干预。因此，本案例研发了牦牛个体姿态识别模型，在此基础上搭建牦牛体重预测系统，以信息化手段获取牦牛生长全过程数据，从而对体尺参数进行测量并对体重进行预测。

一、材料和方法

（一）材料

本案例在四川农业大学畜禽养殖基地进行实验。实验对象为16头牦牛，在育肥牛圈中进行养殖。在牛圈食槽顶部安装了摄像机，用于采集牦牛的背部姿态视频。分别在牦牛的12月龄和14月龄进行背部姿态数据采集。实施圈舍图如图3-1所示。

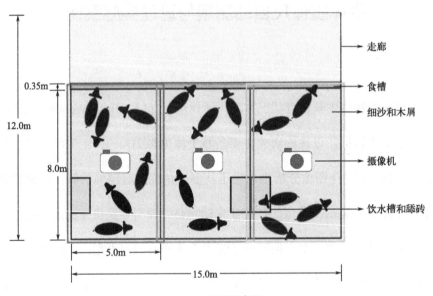

图3-1　实施圈舍图

（二）方法

本案例总体技术路线如图 3-2 所示。通过二维摄像机不间断采集牦牛视频数据，基于 YOLOv8 目标检测模型和图像分析算法建立牦牛身体特征提取与体重测量模型。案例首先用 YOLOv8 网络对牛背部姿态与个体特征进行监测，实现牛标准姿态判断与个体识别。其次，通过背景减除、图像膨胀、图像去噪、边缘提取等一系列图像分析算法提取牦牛背部轮廓信息，并定义和自动提取体宽、体长等体尺参数。自定义体尺参数如图 3-3 所示。最后，通过牛体尺参数估算牛体重，并采用线性回归模型与牛

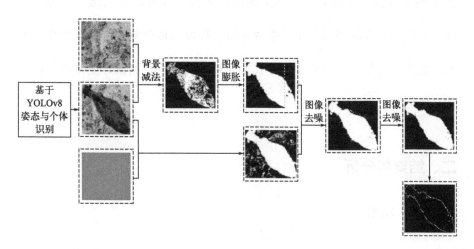

图3-2　总体技术路线图

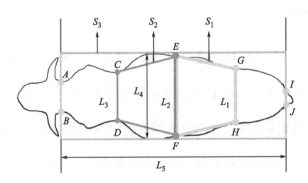

图3-3 牛背部体征特征定义图

实际体重进行逻辑回归，从而建立基于 YOLOv8 算法的牦牛背部特征与体重测量模型，实现对牦牛体重的准确测量。此外，案例结合 PyQt5 软件、物联网与终端技术以及牦牛身体特征提取与体重测量模型实现牦牛体重的无应激测量，以自动化的方式实现牦牛体重实时测量、便捷查看和牦牛基本信息管理等功能。

二、结果与分析

（一）结果

在本案例中，采用 YOLOv8 目标检测模型对预先标记好的牛背部姿态图像数据进行训练与测试。针对标准姿态的牦牛，模型在 Precision（精确率）、Recall（召回率）和 mAP50（平均精度值，IoU 阈值为 0.5）方面的表现分别为 81.8%、86.0% 和 88.9%。牛标准姿态与非标准姿态识别示意图如图 3-4 所示。

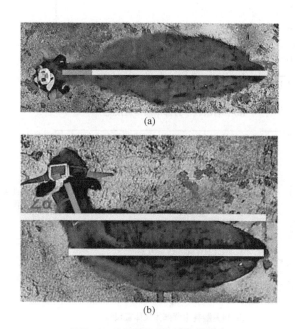

(a)

(b)

图3-4　牛标准姿态与非标准姿态

通过在标准姿态图片上提取牦牛小母牛体尺参数 S_g，采用回归模型对牦牛体重进行预测。结果如图 3-5 所示。

模型中 12 月龄牦牛的回归分析结果的 R_2 为 0.96，14 月龄的牦牛则为 0.93。14 月龄牦牛的体重预测均方根误差（2.77kg）高于 12 月龄牦牛（2.43kg）。

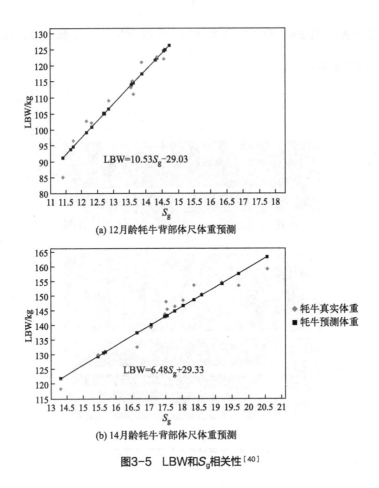

(a) 12月龄牦牛背部体尺体重预测

(b) 14月龄牦牛背部体尺体重预测

图3-5　LBW和S_g相关性[40]

（二）分析

毛发较短的小月龄牦牛与毛发较长的大月龄牦牛相比，在无应激体重测量中，其体重测量值与实际体重的相关性更高。可知模型对于毛发较短牦牛的体重测量性能更为出色。这是因为相比于其他牛种，牦牛的毛发较长，在两个月内，实验中的牦牛毛发有一定增长，导致牦牛的真实形状在图像识别中更容易受到干扰，表现为边缘模糊。这对于体尺特征的精确提取构成了挑战。

此外，在牦牛个体识别阶段，由于环境因素的不同，识别准确率有所差异。本案例中，部分牛舍的光照条件较差，加上摄像背景也为暗黑色，与牦牛毛发颜色相近，这导致圈舍中的牦牛在识别过程中更容易被误判为背景，特别是由于牦牛经常处于拍摄边缘，被误识为背景的概率更高，达到21%。除了牦牛被误识别为背景的问题之外，牦牛个体之间也存在混淆误判的现象。通过不断优化识别算法和改善环境条件，有望进一步提高牦牛个体识别和体重测量的准确性。

第四章

牛生长过程全产业链跟踪管理

第一节
概　述

牛肉，作为日常膳食的关键组成部分，其质量与安全性直接关系到消费者的健康福祉。然而，牛肉生产链条中潜藏的安全隐患，不仅可能引发食品安全危机，危及公众健康，还会严重损害企业的公众形象。此外，缺乏透明度与可追溯性机制，会削弱消费者对牛肉产品的信心，阻碍市场扩展，并加大监管难度。同时，管理效率低下与经济效益不佳的问题，更会导致资源的不必要浪费与成本的攀升，进而削弱企业的市场竞争力。

在此背景下，实施牛生长过程的全产业链跟踪管理变得尤为重要。这一管理策略旨在通过对养殖、饲料供应、健康监测、屠宰处理及加工等各个环节的严格监控，确保每一环节均达到既定标准，从而有效减少质量与安全隐患，全面提升产品的品质与安全性。通过为每头牛建立详尽的生长记录与追溯体系，消费者能够轻松通过追溯系统获取产品信息，进而增强对产品的信赖感，显著提升产品的透明度和可追溯性。对于管理者而言，全产业链跟踪管理还意味着能够依托数据整合与分析，精准优化生产流程，实现管理效率与经济效益的双重提升。更重要的是，这一管理体系的建立，符合当前市场与监管机构对食品安全与质量的严苛要求，有助于企业在激烈的市场竞争中脱颖而出，赢得更广阔的发展空间。

第二节
物联网与区块链在牛全产业链跟踪中的应用

在牛养殖中，溯源技术的应用极为重要。这种技术确保从牛出生到最终产品进入消费者手中的每一个环节信息的透明和可追溯，从而提升了产品的质量和安全性。物联网和区块链技术在这一过程中发挥着关键作用。物联网设备通过传感器和智能设备实时监控牛的生长环境，包括温度、湿度、饲料使用情况等，记录牛的健康状况和活动情况。这些数据被实时上传至云端，形成一个详细的牛生长档案。区块链技术则通过其去中心化和不可篡改的特性，确保所有数据的真实性和安全性。具体流程如下：从牛出生记录开始，所有饲养信息，包括饲料配方、喂养时间和次数、疫苗接种和健康检查等数据，通过物联网设备收集并实时上传至区块链。每一个数据节点都被区块链系统加密并分布式存储，确保数据无法被篡改。

在屠宰和加工阶段，相关数据也会被详细记录。屠宰时，记录屠宰的时间、地点和屠宰前的健康检查结果。加工过程中，记录加工方法、时间以及加工环境的卫生条件。随后，肉制品的运输和储存信息，包括运输时间、运输环境条件和到达时间等，都通过物联网设备实时监控并记录到区块链上。最终，消费者可以通过扫描产品包装上的二维码或输入追溯码，查看整条产业链的信息，了解牛从养殖到加工的全过程。这样，物联网和区块链技术共同构建了一个透明、高效、安全的牛全产业链跟踪系统，不仅提升了产品的质量和安全性，也增强了消费者对产品的信任感，提升产品的市场竞争力。

第三节
牛全产业链的数据安全与管理技术

在牛全产业链的管理中，数据安全与管理技术，尤其是在生物信息资产方面，是确保养殖过程高效和产品质量安全的关键环节。牛养殖场面临着大量数据的收集、存储和管理工作，包括每头牛的健康记录、饲料消耗、疫苗接种情况等。通过有效的信息收集和管理，可以大幅提高养殖效益。

通过现代化的数据管理系统，对数据进行监控和统计分析。每头牛在购入时都有唯一的标识，并建立详细的电子化档案，以记录牛的编号、来源、品种、所在牛场和出生日期等，图 4-1 为智慧牧场生物信息资产管理系统中牛的电子档案。

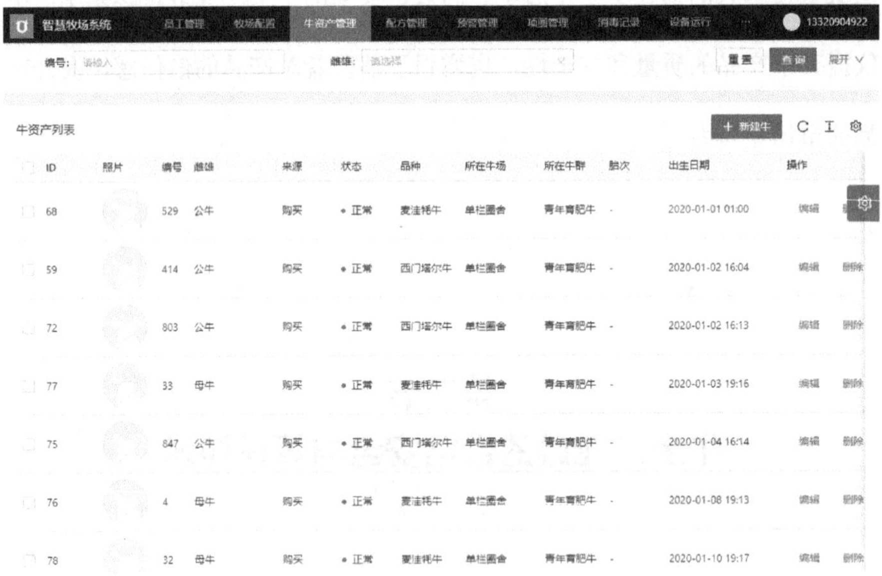

图4-1　智慧牧场生物信息资产管理系统

除了建立牛的电子档案外，在养殖期间，智慧牧场生物信息资产管理系统也能持续记录并更新每头牛的各种数据。牛的转移情况和圈养环境都会被详细记录，确保饲养过程的可追溯性。配种和产犊数据同样会被精确记录，形成完整的繁殖档案，便于后续管理和遗传改良。另外，系统还可以监测并预警牛的发情情况。图 4-2 为智慧牧场生物信息资产管理系统预警母牛发情行为。

图4-2　预警母牛发情行为

此外，每头牛的健康状况，包括疫苗接种和疾病治疗记录，也会被实时更新，确保养殖管理的透明性和高效性。通过行为分析和健康指标的变化，及时通知养殖人员采取适当的配种措施。这些功能确保了养殖管理的透明性和高效性，可以帮助养殖人员优化管理策略，提升生产效率和质量控制水平。图 4-3 为牛的疫苗接种记录。

图4-3 疫苗接种记录

最后，数据安全是保护养殖信息免受未经授权的访问和篡改的关键。养殖场应采用安全的数据存储和传输方式，确保数据在采集、存储和分析过程中的安全性。这包括使用加密技术保护数据的隐私性，并设立严格的访问权限控制，只有授权的管理员才能访问敏感数据，系统管理员的信息及操作历史也会记录在系统中。图4-4为系统管理员的部分信息。

数据安全与管理技术在牛全产业链中的应用，可以提升养殖效率和管理水平，为养殖场提供了重要的保障和竞争优势，促进农业的现代化和可持续发展。

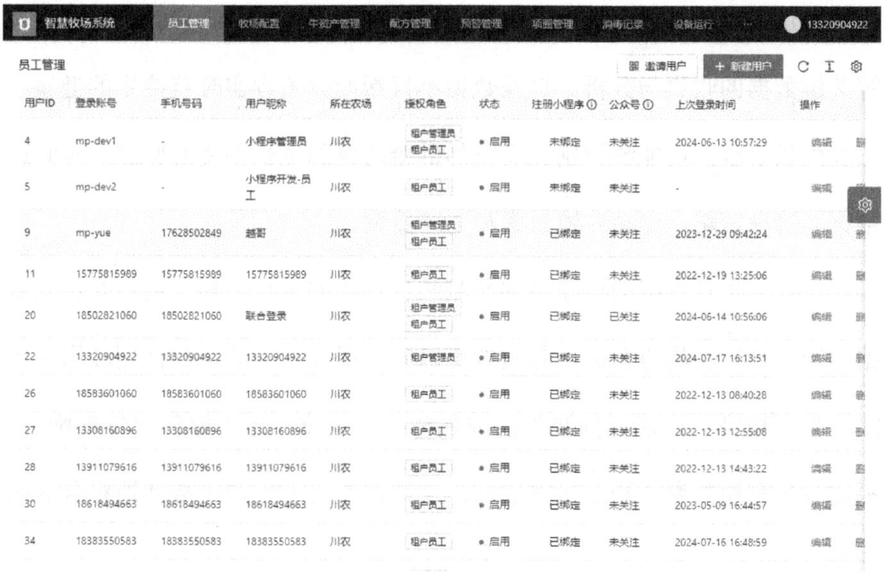

用户ID	登录账号	手机号码	用户昵称	所在农场	授权角色	状态	注册小程序	公众号	上次登录时间	操作
4	mp-dev1	-	小程序管理员	川农	租户管理员 租户员工	启用	未绑定	未关注	2024-06-13 10:57:29	编辑
5	mp-dev2	-	小程序开发-员工	川农	租户员工	启用	未绑定	未关注	-	编辑
9	mp-yue	17628502849	越哥	川农	租户管理员 租户员工	启用	已绑定	未关注	2023-12-29 09:42:24	编辑
11	15775815989	15775815989	15775815989	川农	租户员工	启用	已绑定	未关注	2022-12-19 13:25:06	编辑
20	18502821060	18502821060	联合登录	川农	租户管理员 租户员工	启用	已绑定	已关注	2024-06-14 10:56:06	编辑
22	13320904922	13320904922	13320904922	川农	租户管理员	启用	已绑定	未关注	2024-07-17 16:13:51	编辑
26	18583601060	18583601060	18583601060	川农	租户员工	启用	已绑定	未关注	2022-12-13 08:40:28	编辑
27	13308160896	13308160896	13308160896	川农	租户员工	启用	已绑定	未关注	2022-12-13 12:55:08	编辑
28	13911079616	13911079616	13911079616	川农	租户员工	启用	已绑定	未关注	2022-12-13 14:43:22	编辑
30	18618494663	18618494663	18618494663	川农	租户员工	启用	已绑定	未关注	2023-05-09 16:44:57	编辑
34	18383550583	18383550583	18383550583	川农	租户员工	启用	已绑定	未关注	2024-07-16 16:48:59	编辑

图4-4 系统管理员信息

第四节
牛饲养全周期数据分析与生长模型构建

通过对牛综合数据进行深入分析可以得到丰富的养殖过程，包括动物的饮食习惯、活动范围、体态变化等，这对于研究牛的行为特征、优化饲养方案具有重要意义。

通过全周期数据分析，养殖者能够深入了解每头牛从出生到屠宰的整个生长过程，包括牛的成长速度、饲料消耗量、体重增长曲线、健康指标等关键数据的收集与分析。这些数据不仅帮助养殖者实时监控牛的健康状态和生长表现，还能够识别出潜在的健康问题和生长不良的原因，及时调整饲养管理策略，提高养殖效率和生产质量。

此外，生长模型的构建能够预测和优化牛的生长过程。通过对历史数据的回归分析和趋势预测，养殖者可以制订更加精准的饲养计划和屠宰策略。生长模型不仅能够预测牛的成熟时间和体重，还能够优化饲料配方，提高饲料利用效率，降低饲养成本，从而在经济上更加可持续地经营养殖业务。

数据分析和生长模型的应用提升了养殖管理的科学化水平。养殖者可以利用现代化的数据管理系统，如养殖管理软件或云端平台，实现对牛养殖数据的数字化管理。这种科学化管理不仅提升了管理的效率，还能够通过数据驱动的决策，提高农场的整体运营效益和市场竞争力。智慧牧场APP 记录牛饲喂情况如图 4-5 所示。

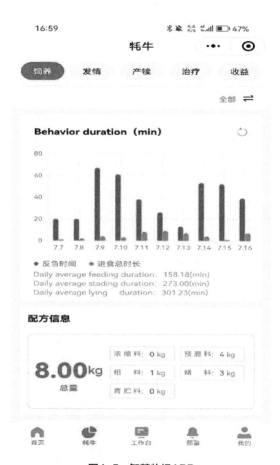

图4-5　智慧牧场APP

第五章

智慧牛舍管理系统终端设计

第一节
概　述

　　智慧牛舍终端设计旨在通过先进的科技手段提升牛舍管理的效率和精准度。这一系统集成了物联网、人工智能和大数据分析等前沿技术，能够实时监控和管理圈舍中的各种资源。采集设备包括智能传感器、监控摄像头、北斗定位装置等。智慧牛舍管理系统主要数据处理模块，能够全面采集圈舍环境、牲畜健康和生产数据，为养殖户提供科学决策依据，优化资源配置，提升生产效益。

　　智慧牛舍终端设计的核心功能涵盖圈舍环境控制、牛管理和自动化操作。通过安装在圈舍中的环境传感器，系统可以实时监测圈舍温度、湿度、有害气体浓度等环境参数，并通过无线网络传输至智慧牛舍管理系统。基于人工智能和大数据技术，智慧牛舍管理系统能够分析数据并生成最佳牛养殖方案，实现精准养殖与科学饲喂。

　　智慧牛舍终端的应用前景广阔，具有显著的经济效益和社会效益。通过精准的环境控制和牛管理，养殖户可以减少资源浪费，提高产量和质量。同时，系统提供的数据分析报告能够帮助养殖户及时调整管理策略，应对市场变化和自然环境的不确定性。此外，智慧牛舍终端还有助于推动绿色农业发展，实现可持续经营，保障食品安全，为农业现代化和乡村振兴贡献力量。

第二节
功能设计

一、牛管理功能

（一）基本信息管理

1. 牛列表

牛列表模块提供了对圈舍中所有牛的详细记录和管理功能，如图 5-1 所示。每头牛的信息，包括牛群、所在牛舍、品种、胎次等，都可以在该列表中清晰呈现。通过直观的界面，养殖户可以快速浏览和查找特定牛的信息，并且可以批量编辑或导出数据，方便进行全面管理和数据分析。

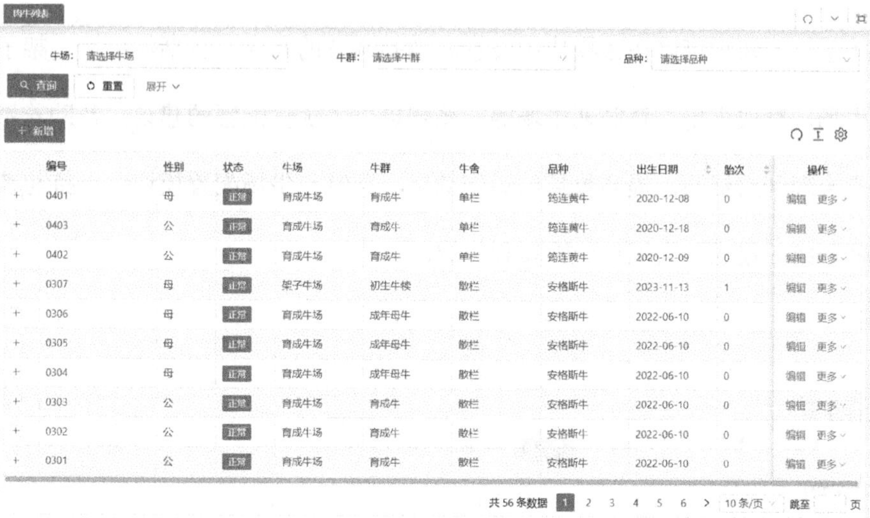

图5-1 牛列表页面

2. 牛舍管理

牛舍管理模块用于圈舍的维护和优化。系统能够实时监测牛舍的温度、湿度、光照、通风、有害气体浓度等环境参数，并提供预警和调控建议。通过智能化的控制系统，养殖户可以远程调节牛舍环境，确保牛的生长条件始终处于最佳状态。此外，该模块还包含牛舍清洁和消毒记录，确保牛舍环境的卫生和安全。

3. 牛场配置

牛场配置模块用于管理和配置整个牛场的基础设施和资源，如图 5-2 所示。养殖户可以在该模块中设置和调整圈舍的布局，包括犊牛场、架子牛场、育成牛场、育肥期牛场等。系统提供了优化配置的建议，帮助养殖户合理利用资源，提高牧场的运作效率。同时，牛场配置模块还支持与其他系统的集成，实现统一管理和协调。

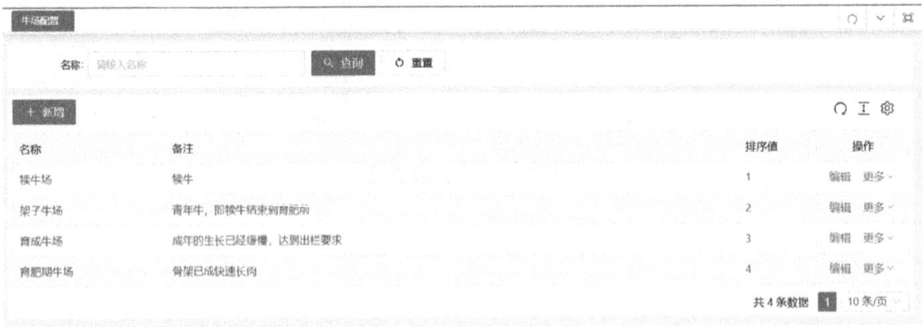

图5-2　牛场配置页面

4. 牛群配置

牛群配置模块用于帮助养殖户进行牛群的分组和管理，如图 5-3 所示。养殖户可以根据牛的品种、年龄、健康状况等因素，将牛分配到不同的牛群中。该模块支持动态调整牛群配置，以适应圈舍生产和管理的需求。

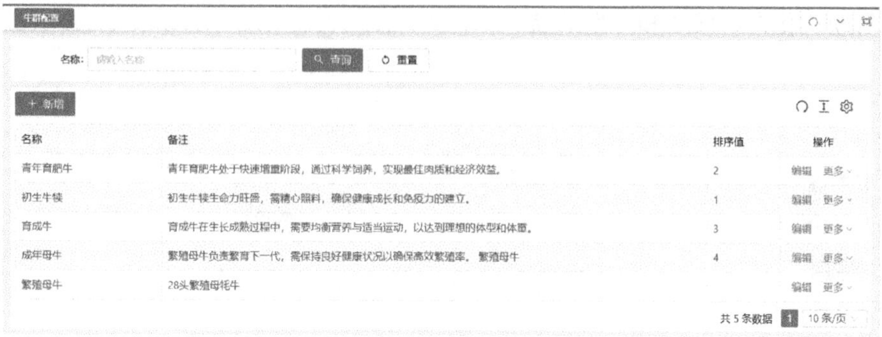

图5-3　牛群配置页面

5. 品种配置

品种配置模块用于实现圈舍中牛品种的管理和优化。养殖户可以在该模块中记录和管理各个品种的详细信息，包括品种特性、生长速度、肉质品质、适应性等。系统提供品种改良和交配建议，帮助养殖户选择最适合养殖环境和市场需求的品种组合。

（二）饲养信息管理

1. 配方管理

配方管理模块负责牛饲料配方的制订和优化，如图 5-4 所示。系统根据牛的生长阶段、健康状况和营养需求，推荐科学的饲料配方，确保牛获得全面、均衡的营养。此外，系统还提供配方成本分析和效果评估功能，帮助优化饲料成本和养殖效益。

图5-4　配方管理页面

2.粪便筛查

粪便筛查模块通过对牛粪便的检测和分析，监控其消化和健康状况。系统能够自动采集和分析粪便样本，检测其中的寄生虫、病原菌和营养成分等指标。养殖户可以根据检测结果及时调整饲料配方和管理措施，预防疾病。

3.犊牛断奶

犊牛断奶模块管理犊牛从母牛断奶过程的各个环节。系统记录犊牛的出生日期、哺乳期和断奶日期，并根据犊牛的生长状况提供断奶建议。通过科学的断奶管理，减少犊牛的应激反应。

4. 离场记录

离场记录模块详细记录牛从圈舍转移或出售的过程。每头离场牛的信息，包括转移日期、目的地、运输方式等，都会在系统中记录存档。系统还可以生成离场报告，帮助养殖户追踪和管理牛的销售和转移情况。

5. 牛转舍

牛转舍模块管理牛在圈舍内的移动和重新分配，如图 5-5 所示。系统记录每头牛的转舍日期和原因，帮助养殖户合理规划和调整牛舍的利用率。通过智能化的转舍管理，减少牛间的冲突，提高牛舍环境的稳定性和牛的舒适度。

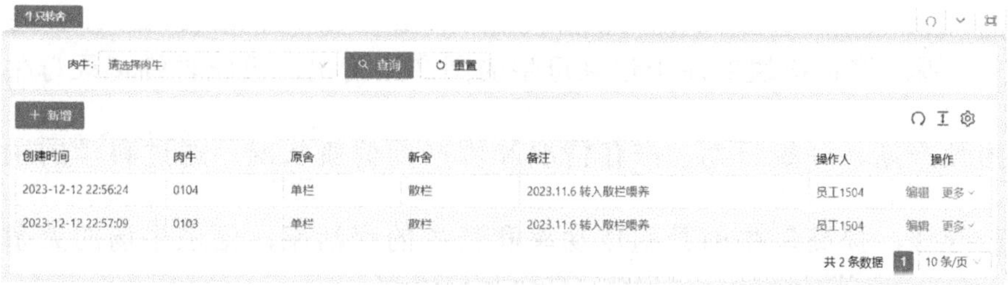

图5-5 牛转舍页面

6. 巡检记录

巡检记录模块用于记录圈舍巡检的详细情况，如图 5-6 所示。系统支持养殖户和工作人员通过移动设备录入巡检结果，包括牛舍环境、牛健康和设施设备等方面的检查内容。巡检记录可以帮助养殖户及时发现和处理问题，确保牛舍的正常运作和牛的健康。

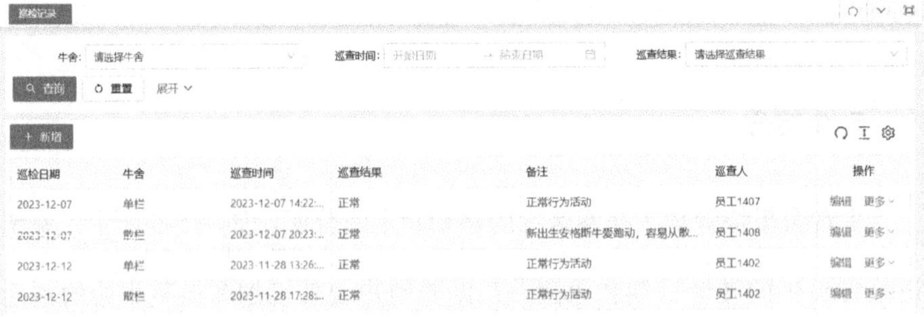

图5-6　巡检记录页面

7. 围产登记

围产登记模块专注于记录母牛的围产期情况。系统详细记录母牛的预产期、分娩日期、产仔情况和围产期健康状况。通过科学的围产管理，提高母牛的繁殖成功率和犊牛的存活率，促进牛场的繁殖效益。

（三）繁育信息管理

1. 配种记录

配种记录模块详细记录每次配种的日期、配种方式和配种公牛的信息，如图 5-7 所示。系统支持人工授精和自然交配两种方式，并提供配种效果的跟踪和分析，帮助养殖户优化繁殖策略。

图5-7　配种记录

2. 流产记录

流产记录模块记录母牛的流产事件及其详细信息。系统能够分析流产原因并提供相应的管理建议，帮助养殖户及时采取措施，减少流产率，提高繁殖成功率。

3. 产犊记录

产犊记录模块详细记录母牛的分娩过程和产犊情况，包括产犊日期、胎次、产犊数量、性别和健康状况，如图 5-8 所示。系统还提供产犊过程的监控和预警功能，确保分娩过程的顺利进行，提高犊牛的存活率。

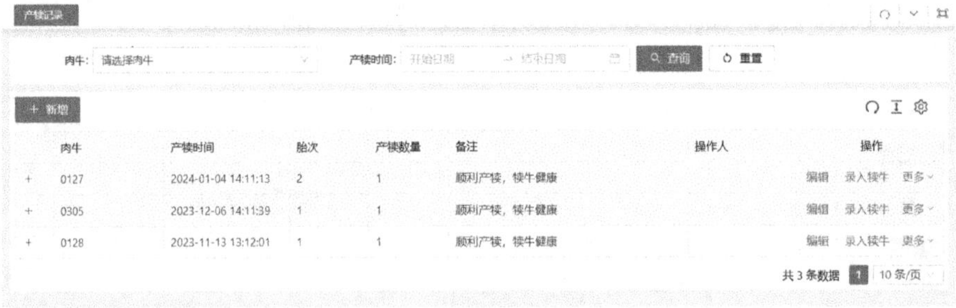

图5-8 产犊记录页面

4. 妊娠记录

妊娠记录模块管理母牛的妊娠周期。系统记录母牛的妊娠检查结果和预产期，并提供妊娠期的管理建议，确保母牛在妊娠期间获得良好的照料和营养，促进健康分娩和犊牛的顺利出生。

5. 禁配记录

禁配记录模块记录因健康或遗传原因而不适合配种的母牛信息。系统能够自动标记禁配母牛，并在配种计划中进行提醒，帮助养殖户避免遗传问题的传播和健康风险的增加。

6. 发情记录

发情记录模块详细记录母牛的发情周期和行为，如图 5-9 所示。系统通过智能监测和数据分析准确识别母牛的发情期，提供最佳配种时间的建议，帮助养殖户提高配种成功率和繁殖效率。

图5-9 发情记录页面

（四）健康保健管理

1. 疫苗管理

疫苗管理模块负责牛疫苗接种的计划和记录。系统根据牛的年龄和健康状况，提供疫苗接种的时间表和提醒功能，确保每头牛按时接种疫苗，提高牧场的疫病防控能力。

2.疾病记录

疾病记录模块详细记录牛的疾病情况和治疗过程，如图 5-10 所示。系统能够分析疾病数据提供预防和治疗建议，帮助养殖户及时采取措施，降低疾病发生率。

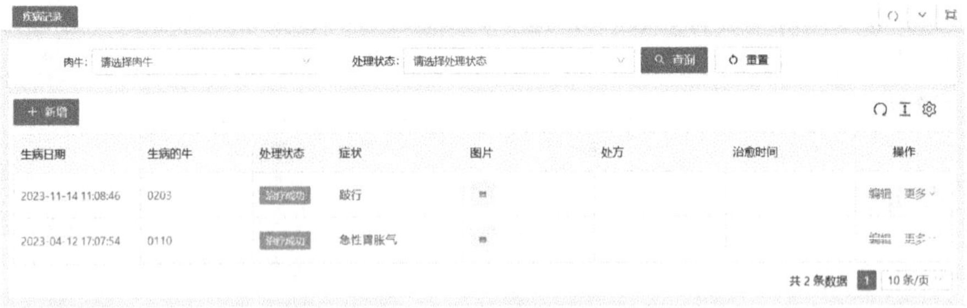

图5-10　疾病记录页面

3.消毒记录

消毒记录模块记录圈舍内各区域的消毒情况，如图 5-11 所示。系统提供定期消毒的提醒和记录功能，确保圈舍环境的卫生和安全，预防疾病的传播。

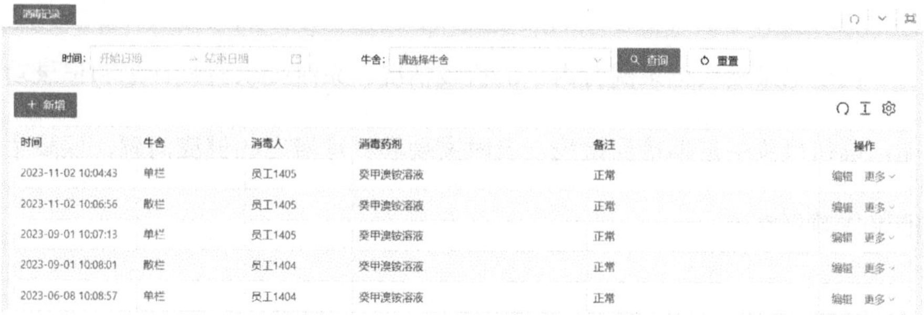

图5-11　消毒记录页面

4. 驱虫记录

驱虫记录模块管理牛的驱虫计划和实施情况，如图 5-12 所示。系统根据牛的生长阶段和健康状况，提供驱虫时间表和提醒功能，减少寄生虫对牛健康的影响。

图5-12　驱虫记录页面

5.检疫记录

检疫记录模块记录圈舍内牛的检疫情况。系统提供检疫计划和记录功能，确保每头牛定期接受检疫，及时发现和处理潜在的健康问题，保障牛的整体健康水平。

6.免疫记录

免疫记录模块管理牛的免疫接种情况。系统根据牛的健康状况和免疫需求，提供免疫接种的时间表和提醒功能，确保每头牛获得全面的免疫保护，提高牧场的疫病防控能力。

二、圈舍智能管理功能

（一）智能环控功能

1.温湿度监测

系统通过安装在牛舍内的温度和湿度传感器，实时监测环境的变化。数据会自动传输到中央管理系统，养殖户可以通过移动设备随时查看这些数据。系统不仅提供实时数据，还能根据设定的阈值发出预警，提醒养殖户在温湿度超出适宜范围时进行调整，确保牛在最佳条件下生长。

2. 有害气体浓度检测

牛舍内的氨气和二氧化碳浓度是影响牛健康的重要因素。系统配备的气体传感器能够连续监测氨气和二氧化碳的浓度，并在浓度超过安全范围时立即发出警报。养殖户可以根据系统提供的调控建议，采取通风或其他措施来降低有害气体浓度，保障牛呼吸环境的清洁。

3. 环境预警与调控

系统不仅能够监测环境参数，还具备智能预警和调控功能。当某个环境参数超过设定的安全范围时，系统会自动发送预警通知给养殖户。系统还提供具体的调控建议，如调节通风设备、开启或关闭加热器等，以帮助养殖户及时调整牛舍环境，确保牛的健康和舒适。

4. 移动设备实时查看

养殖户可以通过移动设备随时随地查看牛舍环境的实时数据。系统界面友好，数据呈现直观，养殖户可以方便地监控各项环境参数，并在必要时进行远程操作，调节牛舍内的环境设备。这种便捷的操作方式，提高了管理的灵活性和效率。

（二）设备管理

1. 智能项圈

为牧场内所有牛佩戴智能项圈，记录其活动和健康状况，如图 5-13 所示。系统能够实时采集和分析这些数据，生成详细的活动和健康报告。养殖户可以通过系统界面查看每头牛的运动量、行为信息、心率等关键指标，及时发现异常情况并采取相应措施。

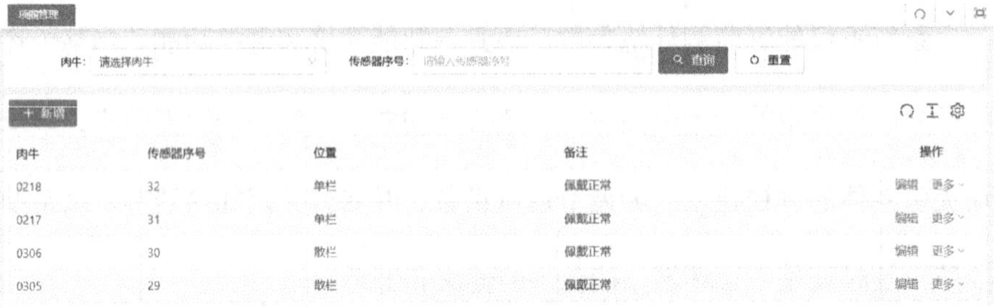

图5-13　项圈管理页面

2. 监控摄像头

系统记录所有监控摄像头的位置和工作状态，主要用于监测牛的行为。通过实时视频监控，养殖户可以观察牛的活动、进食和休息情况，及时发现异常行为，如打斗、采食异常或健康问题。监控系统提供高清画面和广角视角，确保养殖户可以全面了解牛舍内的情况，提高管理的精准度。

第六章

智慧养殖技术实例分析

本章将以实际案例为依托，深入剖析智慧养殖技术在现代化舍饲牛养殖场中的具体应用实践、实施效果及其对农业现代化和可持续发展进程产生的实际影响。通过深入研究案例，我们旨在揭示如何通过智慧养殖技术实现养殖过程的精细化、个体化、自动化的智能管理，功能涵盖智能饲喂、健康福利监测、环境控制、行为分析等多个层面。

本章通过提供一套基于智慧养殖技术的现代化养殖新模式案例，为智慧养殖的发展提供有价值的参考路径。

第一节
智慧养殖案例分析——四川农业大学牛智慧牧场

智慧养殖技术正深刻影响牛养殖业，通过集成物联网、大数据与人工智能等技术，实现了养殖过程的智能化升级。智能监测设备作为核心，实时监测并调节牛舍环境，确保牛生活在最佳生长条件中，减少疾病发生，优化资源利用，促进节能减排。同时，人工智能预测模型凭借高精度监测与大数据分析，精准预测牛健康状态、个性化调整饲养方案及优化繁殖管理。而智能管理系统则进一步集成了上述技术，通过实时数据收集与分析，快速响应健康异常，智能调整饲料投喂，确保营养均衡与生长健康，更在繁殖管理中实现合理预测与科学管理，全面提升养殖质量与经济效益。

在国内，智慧养殖技术已经得到了一定规模的应用。其中，四川农业大学搭建了肉牛、牦牛智慧养殖系统并进行实践应用。该牧场利用先进的信息技术、传感器、自动化技术、物联网和大数据分析等技术，建立了完整的牛智能养殖体系，实现了养殖过程的数字化、网络化、智能化。

（一）牛智能监测系统

四川农业大学的牛养殖智慧牧场系统主要包括生物特征监测、采食行为监测、发情行为监测、无应激体重测量、牛活动量监测等功能模块。

四川农业大学智慧牧场在牛监测领域使用人工智能、畜牧兽医、传感器技术构建了一套全面、高效的智能监测系统，该系统涵盖了多个关键环节，以实时监控并优化牛养殖的全周期管理。

在健康管理方面，智慧牧场的体温监测模块具备高度自动化和精准化的特点，能够持续且准确地监测牛的实时体温变化，监测到体温异常时系统将及时向养殖员发送预警进行干预，从而降低因疾病导致的生产性能下降和潜在的健康风险。智慧养殖系统通过先进的图像识别与深度学习算法对牛的采食行为进行监测，精确分析记录每头牛的采食时间、分布情况以及活动的时间分布等数据，为饲料配比与饲喂方案的优化提供科学依据，进一步提升养殖效率。发情行为监测则是智慧牧场繁殖管理的重要一环，系统能够准确识别发情相关行为并预测母牛的发情时间，预测适合配种的时间窗口以提高人工受精成功率。同时，无应激体重监测技术避免了传统称重方式对牛造成的应激情况，以无应激监测的方式实现对牛生长率、育肥情况的精准评估。活动量监测也是智慧养殖监测的重要组成部分。系统通过部署在牧场各处的传感器网络，实时追踪每头牛的日常活动量，实时评估牛的健康福利状况。

1. 牛体温监测与智能耳标

该牧场通过集成牛体温监测技术，实现了养殖管理的智能化升级。传感器被搭载于专为牛设计的智能耳标中。养殖人员需将智能耳标固定在每头牛的耳部实现无间断的牛体温监测。耳标安装过程快速便捷，不会导致牛产生过度应激行为。实际佩戴图如图 6-1 所示。

智能耳标作为一种动物身份识别与体温实时监测装置，在牛的疫病管理中发挥着重要的作用。当体温检测耳标佩戴在牛耳部，其内置的高精度

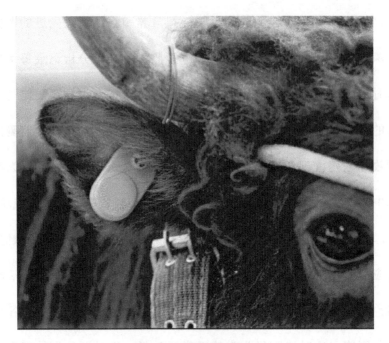

图6-1　牛佩戴的智能耳标

红外线传感器便会不间断地捕捉并分析牛体表散发出的微弱红外线辐射。牛耳部的辐射信息被实时转化为体温数据，经过智能耳标内部的数据处理系统进行计算后上传至云端管理平台。而管理人员通过手机或计算机端畜牧管理平台，可以随时随地访问云平台上的数据。通过分析体温变化识别体温异常波动，并预测潜在疾病风险、评估生产性能，智能耳标能为养殖者提供基于科学算法和大数据技术的饲养管理建议，帮助养殖者制订更精准、更高效的饲养策略，降低疾病发生风险，提高养殖效益。

2. 牛采食行为监测与智能项圈

通过实时监测与分析牛的采食行为及生理状态，养殖人员能够更准确地检测牛的采食习惯、营养需求及健康状况，从而制订更加科学合理的饲喂计划。智慧牧场结合计算机视觉与深度学习算法，构建牛采食行为监测系统。设备安装过程中，技术人员需要确保牧场内摄像设备覆盖采食区域，并为每头牛佩戴智能监测项圈。该项圈重量符合动物佩戴标准、不会对牛的行为产生影响。实际安装示意图如图6-2所示。

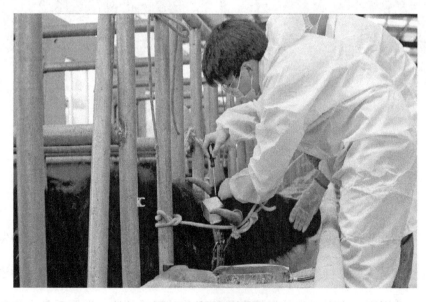

图6-2　给牛佩戴智能项圈

设备安装就绪后高清摄像头不间断捕捉采食场景，结合深度学习算法对项圈与视频数据进行智能识别，科学识别并计算每头牛的采食时间、速度、咀嚼频率、反刍时间等指标。如图6-3所示，数据经云端处理平台汇总分析后形成直观的报告与图表，供养殖员查阅管理。

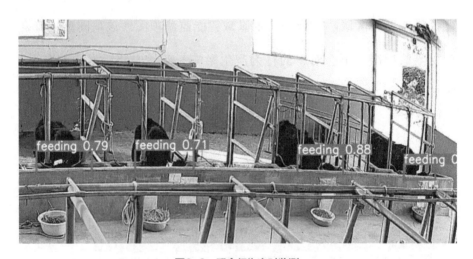

图6-3　采食行为实时监测

3.牛发情相关行为监测

为了及时对牛发情情况进行预警，智慧牧场基于母牛行为监测的发情预警系统通过神经网络模型对母牛活动量、爬跨、行走等特殊行为进行自动识别，实现对牛的发情和最佳配种时间的预测。监测系统会将数据传输到云端数据平台，通过微信小程序将发情预警信息发送至养殖人员，确保配种工作能够及时进行，如图 6-4 所示。在该智慧牧场的实践应用中，此技术已取得成效。采用智能发情监测系统，牛养殖场的配种成功率得到提升，空怀天数和产犊间隔显著缩短，受胎率和产奶量也随之增加。

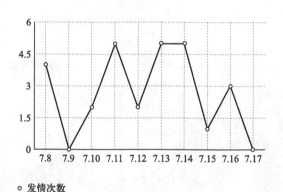

○ 发情次数

图6-4　应用管理端发情次数统计图

4. 牛无应激体重监测

以提升牛养殖业的智能化水平，优化牧场管理效率，减少人工测量误差为目的，四川农业大学研发了基于计算机视觉和深度学习技术的牛体重估算系统。通过将摄像设备安装于指定位置拍摄牛的图像信息，运用计算机视觉算法对牛的背部图像进行特征提取和分析，从而实现对牛体重的高精度估算和无接触测量。此外，由于该系统采用了非接触式的监测方式，有效降低了对牛的应激影响，为牛养殖的现代化、智能化转型提供了技术支撑。实地安装部署如图6-5所示。

图6-5 牛体重参数提取示例

5.牛活动量监测

活动量与轨迹跟踪是反映牛育肥、**繁殖**、疾病监测管理的重要指标。智慧养殖系统旨在通过对牛活动量的实时监测和数据分析，对牛的健康福利状态进行评估、对发情时间进行准确预测，提升牧场管理的科学性和效率。

通过在农场关键区域安装高清摄像头与为牛佩戴行为检测传感器，精确捕捉每头牛在日常生活和运动中的各种细微变化，包括但不限于步伐频率、步态加速度以及休息与活动的时间比例等生理指标。视频数据实时上传至云端数据库，形成一个全面连续的牛行为数据档案。在此基础上，系统采用先进的深度学习算法对海量数据进行深度挖掘和智能化解析，不仅能对每头牛的每日活动量进行量化评估，还能根据其行为轨迹绘制出详尽的运动轨迹图，让管理人员直观地了解到每头牛的活动范围、活动量分布以及是否存在离群或异常行为，如图 6-6 所示。

系统设置了预警机制，一旦检测到某头牛的活动量或行为模式出现异常，系统将立即通过手机 APP 推送、短信通知等多种方式，将警报信息迅速传达给相关的养殖人员，使得问题能够得到及时有效的解决，提高了牧场管理的效率和响应速度。

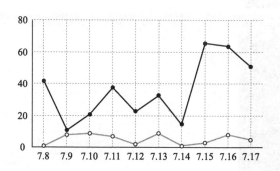

图6-6 牛活动量统计图

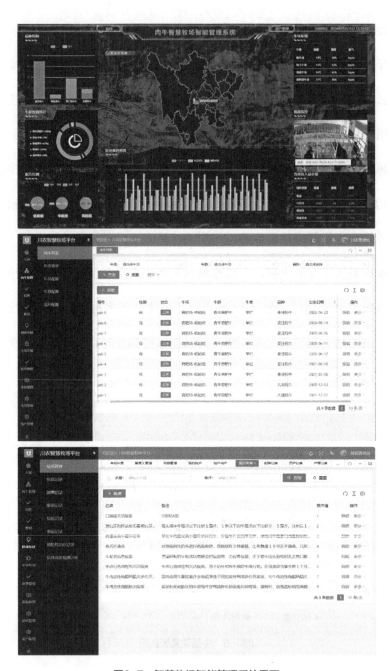

图6-7　智慧牧场智能管理系统界面

（二）智慧牧场智能管理系统

智慧牧场智能管理系统作为四川农业大学牛智慧养殖技术的集成展示，使牧场管理更加便捷与高效。该系统深度融合各类监测技术、人工智能算法，搭建人机交互应用端，实现对牛、人、设备的全方位、多角度的高效监测。

如图 6-7 所示，系统对牛的体温、心率等生理数据，以及运动轨迹、活动量等行为数据进行实时监测，同时，还能对农场内的环境条件如温度、湿度、光照等进行持续监控。这些数据经由系统内置算法处理后，将实时传输至牛智慧牧场管理系统的电脑应用端，以直观、易懂的图表形式展示。管理人员只需通过电脑或移动设备登录系统，即可随时随地查看牛的生长状态和牧场的实际状况。该系统不仅提高了管理的精确度，还降低了人工操作的难度，使养殖员能够更加科学、高效地管理牧场。

第二节
智慧养殖技术的推广与应用前景

牛的智慧养殖技术是近年来兴起的一种新型农业发展模式，通过物联网、大数据等现代科技手段，对牛的生长情况和饲养管理进行智能化监控和分析，提高了养殖效率和经济效益。随着现代农业科技的进步和市场需求的增长，智慧养殖技术的推广与应用前景十分广阔。

一、绿色化发展方向

牛智慧养殖技术通过智能设备精准管理牛繁殖、生长环境及健康状况，不仅提升了养殖效率与产品质量，还减少了资源浪费与疾病风险。在绿色低碳养殖方面，智慧养殖技术通过优化饲料配方、提高资源利用率，以及利用生物发酵等技术处理养殖废弃物，有效降低了碳排放与环境污染。同时，人工智能技术助力精准调控养殖环境，如智能温控与温室气体监测系统，确保了牛在最佳生态条件下生长，减少了因环境不适导致的健康问题，进而降低了温室气体排放。

二、精细化养殖

针对不同养殖规模、养殖方式及牛品种，精细化养殖能为牧场定制智能养殖平台，平台通过集成物联网、大数据与人工智能算法，实现了对牛生长周期的精准监测与管理，显著提升了养殖效率与牛肉品质。现实应用中，智慧养殖系统已展现出在优化饲料配比、预防疾病、提高繁殖率等方面的卓越成效，有效降低了养殖成本与环境压力。随着技术的不断成熟与普及，智慧养殖正逐步成为推动畜牧业绿色、智能、高效发展的主要力量之一。

三、多模态设备的高度集成

多模态信号融合技术应用在智慧养殖领域，实现了设备的高度集成与智能化跃升。该技术基于物联网传感器、大数据分析平台与人工智能算法，捕捉牛的健康状态、饲喂情况及饲养环境的多元化信息，实现了多模态数据的深度融合与智能解析。该技术降低了设备部署与运维成本，更通过高度集成的解决方案简化了操作流程，降低了智慧养殖技术的技术门槛与使用难度。此外，远程监控与数据分析功能使养殖过程透明化与养殖管理精细化，为牛养殖业的智能化升级与可持续发展提供了坚实支撑。

四、产业安全保障

智慧养殖技术整合物联网、大数据、人工智能与智能设备，对牛进行24小时不间断的健康监测。一旦监测到体温异常、运动量减少或行为模式变化等潜在疾病信号，系统会触发预警机制，为养殖户提供及时干预指导，有效遏制疾病传播。此外，通过为每头牛佩戴智能电子标识，实现养殖全程信息的数字化记录与追溯，从饲料来源、饲养环境到防疫检疫，每一环节都可查可验。这不仅提升了消费者对牛肉产品的信任度，也为牛养殖业的可持续发展奠定了坚实基础，展现了智慧养殖技术在保障食品安全与动物健康方面的潜力与价值。

五、技术创新与养殖模式变革的探讨

随着全球对食品安全、动物福利以及资源利用效率要求的不断提高，牛养殖产业正面临着前所未有的挑战与机遇。技术创新与养殖模式变革已成为推动牛养殖产业可持续发展的关键力量。本部分将深入探讨技术创新如何驱动牛养殖模式的变革和未来发展趋势。

（一）技术创新在牛养殖中的应用

在当今畜牧业向智能化、数字化转型的浪潮中，物联网、云计算、大数据与区块链等前沿技术的深度融合，正改变着牛养殖行业的面貌，推动了养殖模式的全面升级，不仅提升了养殖管理的精细化水平，还增强了养殖过程的透明度与安全性，为养殖业的可持续发展注入了强劲动力。

1. 物联网与智能化养殖

物联网技术的应用为养殖环节的实时监控和数据采集奠定了身份识别

基础。通过安装传感器实时监测牛的健康状况、饲喂情况、活动量等关键指标，为精细化养殖提供数据支持，可以实现智能化决策，提高养殖效率。

2. 云计算与大数据分析

云计算和大数据技术的应用为牛养殖数据的存储、处理和分析提供了强大的支持。通过建立牛养殖大数据中心，可以实现对养殖过程的全周期管理，从育种、饲养到销售等环节的数据都可以得到有效整合和分析，为优化养殖模式、提高经济效益提供科学依据。

3. 区块链技术在牛溯源体系中的应用

区块链技术以其去中心化、不可篡改的特性，为牛溯源体系的建立提供了新的解决方案。通过建立基于区块链的牛溯源系统，实现对牛从养殖、屠宰到销售全过程的追溯，确保肉、奶等产品的安全性和透明度，提高消费者的信任度。

（二）养殖模式的发展趋势

牛养殖业正经历着一场深刻的变革，其发展趋势日益清晰且多元化。这一变革不仅体现在养殖规模与标准的显著提升上，更深入到对精细化管理与个性化服务的探索中，正在向生态化与可持续化的新阶段迈进。现代化养殖模式正通过技术创新、管理优化以及生态理念的融合，共同推动产业向更高质量、更高效益、更环保可持续的方向发展。

1. 规模化与标准化

随着技术创新的不断推进，牛养殖正逐步向规模化、标准化方向发展。通过引进先进的养殖设备和技术，实现养殖过程的自动化、智能化，提高养殖效率和质量。同时，制定和执行严格的养殖标准，确保牛产品的安全性和品质。

2. 精细化与个体化

在规模化、标准化的基础上，智慧化养殖正逐步向精细化、个体化方向发展。通过物联网、云计算、人工智能等技术手段，实现对每头牛的个体化精细监测管理，根据每头牛的实际生长、育肥、疾病情况制定科学合理的饲养方案，提高养殖效益和相关产品质量。

3. 生态化与可持续化

面对资源紧张和环境保护的压力，现代化养殖正逐步向生态化、可持续化方向发展。通过采用智慧养殖技术减少养殖过程中的废弃物排放，降低环境污染。同时，注重养殖与生态环境的和谐共生，实现牛养殖产业的可持续发展。

4. 总结

技术创新是推动智能养殖模式变革的重要动力。引进和应用物联网、云计算、大数据、区块链等先进技术用于牛养殖产业，可以实现养殖环节的智能化、精细化、个体化、生态化和可持续化，有助于提高养殖的效率和质量，节本增效，提高经济效益和社会效益。

第七章

牛智慧养殖的挑战与发展趋势

第一节
牛养殖的变革与发展

一、传统养殖模式面临的困境

随着公众健康意识与食品安全标准的不断提升，规模化养殖作为一种全球养殖趋势迅速扩张，旨在高效提升产量以满足日益增长的市场需求。然而，该发展模式在驱动经济效益的同时，无可避免地面临多重挑战：生态环境承受重压；密集养殖条件下的动物健康与福利水平下降；食品安全隐患增加，消费者对于食品源头的担忧与日俱增。因此传统及现有养殖模式面临前所未有的紧迫感，亟须寻找变革之路，以平衡生产效率、环境保护、动物福利以及食品安全之间的关系。

二、智能化养殖模式的优点和挑战

为应对传统养殖模式衍生的诸多挑战，通过实现现代农业科技、经济学、畜牧兽医、人工智能技术的深度融合，共同塑造出一种革新的养殖模式——智能化养殖。该模式旨在通过科技赋能增强生产效能，确保了农产品从农场到餐桌的全程安全可控，同时力求降低养殖对自然环境的影响，体现了可持续发展的理念。尽管智能化养殖以其显著优势引领行业转型，但仍需跨越若干障碍，诸如高昂的初期设备投入、对高新技术的依赖等，这些门槛限制了其普及速度与覆盖范围。因此，如何在保证技术先进性与经济效益的同时，降低成本门槛、促进技术普及成为推进现代化养殖模式广泛实施的核心问题。

三、牛养殖的发展现状和未来趋势

牛养殖作为我国一项具有深厚历史底蕴和地域特色的畜牧业分支承载着丰富的经济与文化价值。近年来，养殖产业经历显著增长，不仅显著增加了养殖地区的经济收益，还为促进地区经济发展和文化传承注入了强劲动力。然而，牛养殖业的前行道路并非平坦，诸多难题诸如生态环境约束、市场需求波动及技术应用滞后等，制约其持续壮大。

鉴于此，深入剖析牛养殖的独特性及其发展脉络，显得尤为迫切。强化科技创新的驱动力量，是推动牛养殖业跨越传统束缚，迈向更高效率与可持续发展的关键。这包括但不限于遗传改良、精准饲养管理、疾病防控技术的革新，以及构建更加智能化、生态化的养殖体系。综上所述，未来牛养殖业的发展在于科学与养殖实践的深度融合，既要保持传统养殖模式的优点，也要勇于变革，以期在挑战与机遇并存的新时代中稳健前行。

四、智能化养殖技术在牛养殖中的应用

近年来，智能化养殖技术作为一股革新力量已在全球农业领域蔚然成风，重塑着包括牛养殖在内的各个生产环节。通过部署先进的传感设备与监控系统实现养殖环境的实时精准监测，从而确保养殖作业的高效运行与产品质量的显著提升。

依托于大数据的深度挖掘与人工智能算法的高精度分析，智能化养殖开创了"精准饲喂"的新时代。这种精细管理策略不仅能够根据牛各阶段生长需求定制化配给饲料，而且在减少无谓饲料消耗的同时有效缓解因过量饲喂导致的温室气体排放问题，体现了绿色可持续的发展导向。

积极推广并深化智能化养殖技术的应用对于我国畜牧养殖业而言，不仅是提升产业竞争力的关键举措，更是推动整个行业向智能化、高效化、环保化转型升级的重要途径，对于实现养殖业高质量发展具有重要意义。

第二节
智慧养殖面临的主要挑战

智慧养殖作为一种融合了现代信息技术与传统畜牧业的新型养殖模

式，正逐步改变着畜牧养殖产业的面貌，提升了生产效率与产品质量。然而，这一转型过程面临多重挑战，主要包括技术、经济、社会接受度等方面。

一、技术层面

（一）集成技术的成熟度与稳定性

虽然物联网、大数据、传感器、人工智能等技术在理论上为养殖业提供了技术基础，通过实时监测、数据分析和智能决策很大程度上优化养殖管理流程，提升养殖效率，从而实现节本增效的目标，然而，在实际应用过程中这些技术的成熟度和稳定性仍面临挑战。

以通过牛脸、牛鼻纹进行牛身份识别的技术为例，通过图像处理算法识别牛脸或牛鼻纹的个体特征对牛进行个体身份识别。尽管这一技术已经在部分养殖场投入应用，但其精度受到光照条件变化、角度差异、遮挡物等因素影响，难以保证高精度牛身份识别的稳定实现；同时，对于纯色牛、年龄较小或面部特征不明显的牛犊，身份识别的难度也相应增大。识别的准确度和在复杂环境下的鲁棒性仍是亟待解决的问题。

智慧养殖管理的核心在于利用人工智能等技术实现对动物饲养过程的精细化、智能化管控。大量数据输入是支撑智慧养殖系统决策分析和优化调控的基础，包括但不限于环境参数、动物行为数据、饲料方案、生理特征监测数据等。然而，在实际操作中养殖场须配备如传感器网络、摄像头监控系统、RFID识别设备、智能饲喂系统等数据采集设备。这些设备的购置成本较高，且技术复杂度较高，后续的设备维护和升级也相对困难。尤其对于规模较小、资金和技术实力有限的养殖户来说是较大的负担。在偏远地区，信号覆盖和质量不佳也给数据传输带来了挑战。一方面，信号差可能导致数据采集设备无法正常工作或数据传输中断，影响数据的完整性和连续性；另一方面，数据传输效率在复杂环境下也会降低，可能造成实时监控和远程管理困难。

（二）数据采集与分析能力

智慧养殖依赖于大量准确的数据输入，但在实际操作中，数据采集设备的安装成本高、维护难，且数据分析模型的建立和优化也需要专业人才，这对小型养殖户来说是一大负担。

（三）软硬件兼容与标准化

不同科研团队与厂家研发生产的软硬件系统之间往往存在显著的兼容性问题。由于缺乏统一的标准和接口，系统间的数据格式、通信协议、数据传输方式等存在差异，影响系统的整体效能和数据的互联互通。不同设备在集成、互联互通以及数据共享方面面临诸多挑战。

二、经济层面

（一）高昂的初始投资

智慧养殖系统的部署需要较大的前期资金投入，包括智能设备的购置、基础设施改造以及软件系统的开发与维护，对于规模较小、资金有限的中小养殖户而言负担较大。从硬件设备层面来看，智慧养殖系统通常依赖于造价先进的物联网设备、自动饲喂机、智能环控设备以及高清摄像头等电子产品。为了适应智能化管理系统，传统养殖场需要新建现代化圈舍，以便安装数据传输网络线路，布设各类传感器，并配备相应的电力供应设施，这些工程都会增加总体投资成本。

（二）投资回报周期长

虽然智慧养殖有助于长远节省成本和提高效益，但其投资回报周期较长。但在实际推广过程中，由于智慧养殖技术的初期投资成本较高，部分养殖户在短期内面临较大的经济压力。小规模养殖户更看重短期内的投入产出比，对于投资回报周期较长的大型项目可能持有谨慎态度。

（三）社会与接受度

1. 技术培训与人才短缺

智慧养殖需要既懂畜牧业又具备一定信息技术知识的操作人员，目前这类复合型人才稀缺，且需对现有养殖人员进行培训。智慧养殖这种新型养殖模式对养殖户与技术人员的素质提出了更高的要求，不仅需要他们具备扎实的畜牧业专业知识，熟悉动物饲养、繁育、疫病防控等各个环节，同时还要能够熟练使用各类信息技术设备。由于畜牧业从业者缺乏系统化的专业教育和培训体系，而具备信息技术背景的人才则往往对畜牧兽医知识知之甚少。因此，构建一支既懂畜牧又精通信息技术的智慧养殖人才队伍，亟须通过完善教育体系并引入专业人才等多种途径予以解决。

2. 农户观念转变

传统养殖者对新科技的接纳程度不一。面对新兴的智能化科技，传统养殖者由于长期以来一直依赖于传统的养殖经验和方式，对于引入高科技手段持有一种审慎和观望的态度。也可能对智能化技术持有怀疑态度，担心设备故障、数据安全等问题可能会带来不可预知的风险。

（四）数据安全与隐私保护

随着养殖数据的大量收集，数据安全与隐私保护成为重要议题。如何在保障数据利用效率的同时确保数据安全，是必须解决的问题。智慧养殖的数据不仅包括养殖环境监测数据、饲料方案，还涵盖了牛的健康状况、生长繁殖性能、遗传特性、行为模式、生物资产信息、溯源数据等多维度信息。

然而，在提升养殖效率的同时，养殖数据安全与隐私保护的问题也值得提高警惕。目前，针对养殖数据的安全存储、有效管理和合法使用等方面，相关的法律法规尚不完善，缺乏具有针对性的指导和规范。另外，要建立健全完善的区块链养殖数据安全管理体系，包括强化数据加密技术、设置严格的数据访问权限控制、实施定期的数据备份和恢复策略等基础性安全防护措施。

（五）结论

牛的智慧养殖无疑为行业带来了革命性的进步，需要政府、企业、科研机构及养殖户四方共同努力，通过加大研发投入、完善政策配套、加强人才培养、提高社会认知度等措施，共同推动智慧养殖技术的成熟与普及，最终实现牛养殖业的高效、可持续发展。

第三节
智慧养殖技术的培训与知识普及

智慧养殖技术的培训与知识普及在当前农业现代化进程中具有深远的意义，它不仅是促进畜牧业转型升级、提高生产效率与产品质量的重要途径，也是实现可持续发展目标的关键举措。

（一）组织专业培训课程

依托高校、研究机构及行业组织，定期举办智慧养殖技术培训班，邀请专家教授物联网、大数据、人工智能等关键技术，结合实操演示，提升从业人员技术水平。依托各大高校、科研机构、企业定期举办针对智慧养殖技术的专题技术培训班。由高校、研究机构及行业组织的专家教授围绕如何使用和维护智能养殖系统技术进行深入浅出的讲解和实战教学，使养殖户了解并掌握系统提供的包括饲喂、环境、动物行为等关键信息的含义；如何录入管理牛的生物资产信息，处理重要信息等操作。

（二）建立示范点与观摩学习

在各地建立智慧养殖示范场，展示智能化设备与管理系统应用效果，组织农户现场参观学习，直观感受智慧养殖的优势。为了大力推广智慧养殖这一现代农业生产方式，期望在全国各地，尤其是三区三州地区选取并建立一系列智慧养殖示范场。这些示范场将实时展示其在饲喂方案管理、牛监控、疾病防控、环境控制等方面的使用方法和应用效果，旨在让广大农户能够亲临现场，直观感受智慧养殖带来的节本增效成果。

（三）开发在线教育资源

利用互联网平台，推出在线培训以便养殖户按需学习，为偏远地区的养殖户提供平等的学习机会。互联网智慧养殖学习平台可以有效地突破地域限制，为养殖户提供多元化的学习途径。整合优质的养殖资源，将专业的养殖知识、养殖技术以及智慧养殖系统使用方法，以视频、直播或录播的形式分享给广大养殖户，使偏远地区的养殖者也能随时随地获取智慧养殖技术的学习资源。

借助远程教育平台，可以定期邀请行业专家、教授在线解答养殖户在实际操作中遇到的问题，分享最新的行业动态和技术进展，让偏远地区的养殖者有了直接与专家交流的机会，从而有效提升其养殖技术和养殖管理水平。

（四）建立技术支持与服务体系

构建线上线下相结合的技术咨询与售后服务体系，为养殖户提供从设备安装、软件使用到故障排除的全方位技术支持，确保技术应用顺利进行。构建线上线下相融合的咨询与售后服务体系，是确保养殖户在使用智慧养殖技术进行养殖作业过程中获得持续、高效和良好体验的关键环节。这一体系应当涵盖全方位的技术支持服务，从设备安装伊始，直至软件使用的深度指导，再到遇到故障时的迅速排除机制，力求覆盖智慧养殖技术应用的整个过程。

建立全天候在线客服系统，配备专业的技术顾问团队，随时解答养殖户在使用过程中的各种疑问，提供详尽的操作指南和教程视频，帮助养殖户熟悉并掌握设备的安装与软件的应用。

在线下建立售后服务站点，派遣经验丰富、专业知识过硬的技术人员驻守，负责面对面的设备安装使用、软件调试、故障排查、设备维修等服务。当养殖户面临难以通过线上解决的技术难题时，能够迅速派遣技术人员前往现场。

（五）加强产学研合作

推动科研机构、高校与企业深度合作，开展技术联合研发，将最新科研成果快速转化为实用技术，同时培养更多既懂技术又懂养殖的复合型人才。科研机构和高校应聚焦养殖业发展的关键技术和瓶颈问题，积极开展联合研发活动。通过共同设立科研项目、组建研究团队等方式，将高校的科研力量与科研机构的资源优势与实际养殖项目有机结合，加速科技成果的产出和转化。大型养殖基地作为市场主体和技术应用的主要载体，应参与到联合研发的过程中。通过提供试验基地以及需求导向等方式确保研发成果能够快速落地实施。

（六）总结

智慧养殖技术的培训与知识普及是一项系统工程，需要政府、企业、学术界和养殖户等多方主体共同参与形成合力，以实现畜牧业的智能化、现代化和可持续发展。通过上述技术的综合运用，不仅能提升整个行业的技术水平，还能加速养殖智能化进程，为保障食品安全、促进农村经济发展贡献力量。

第四节
智慧养殖技术的新兴发展趋势

智慧养殖技术作为现代畜牧业发展的一大亮点，正以前所未有的速度推动着行业革新。随着科技的不断进步和行业需求的持续增长，智慧养殖呈现出若干新兴发展趋势，这些趋势不仅聚焦于提高生产效率和产品质量，更着眼长远的可持续性和生态平衡。

（一）深度整合的物联网技术

物联网（IoT）技术在牛养殖中的应用日益深化，不仅限于环境监测和健康追踪，而是向着全链条整合迈进。通过智能穿戴设备、传感器网络和无线通信技术，实现包括精准饲喂、活动量监测和健康评估在内的牛的个体化精细管理。此外，物联网技术还促进了供应链透明化，实现从牧场到餐桌的全程可追溯，增强消费者信任。

（二）大数据与人工智能的深度融合

大数据分析与人工智能算法的结合，为牛养殖提供了更为精准的决策支持。通过收集并分析海量数据，如饲料消耗、生长速率、疾病发生率等，AI 系统能够预测生长趋势、优化饲养策略，甚至提前预警潜在疾病，降低经济损失。同时，人工智能技术在遗传育种领域的应用，可加速优良品种的选育，提高牛的整体生产性能和抗病能力。

（三）精准饲喂与环保饲养模式

随着对动物福利和环境影响的关注，精准饲喂技术在牛的智慧养殖中扮演着越来越重要的角色。通过分析牛的遗传背景、生理状态和营养需求，定制饲料配方，不仅提高饲料转化率，减少资源浪费，还减少温室气体排放。此外，探索循环农业模式，将牛粪污资源化利用，转化为有机肥料或生物能源，进一步推动绿色低碳养殖。

（四）远程智能监控与健康管理

随着 5G 通信技术的大规模应用，通过远程监控系统实时分析高清视频和大量数据，使养殖者远距离掌握牧场的实时动态。结合 AI 图像识别和声音识别技术自动识别牛的异常行为与叫声，及时通过智慧养殖管理系统发送疾病预警信息，进一步通过远程诊断系统与兽医专家连线实现快速干预。通过远程智能监控技术在提高疾病防控效率的同时，减少人工巡检的工作量。

（五）区块链技术确保食品安全

区块链技术的应用为肉、奶牛相关产品的安全追溯提供了透明且不可篡改的记录方式。从养殖、屠宰、加工到销售的每一个环节，所有数据均被记录在区块链上，消费者可以通过扫描二维码获取包括牛、饲养环境、饲料来源、健康状况等产品的全部历史信息，提升食品的安全性。

（六）自动化与机器人技术的融合

为了进一步提高养殖效率和减少人力成本，自动化饲喂设备和机器人技术在畜牧养殖中的应用正逐步扩大。自动喂食系统、智能清粪机器、巡检机器人等设备在减少人力劳动的同时，确保了养殖相关操作的精确性和安全性。

综上所述，智慧养殖的新兴发展趋势，不仅仅是技术的革新，更是理念和模式的全面革新。这些趋势不仅关注提升经济效益，更强调生态和谐与可持续发展，体现了现代畜牧业向智能化、精准化、绿色化转型的决心。随着技术的不断成熟与普及，智慧养殖将成为推动农业现代化、保障食品安全、促进农村经济发展的关键力量。

参考文献

［1］ 韦丹妮，郭勇庆 . 智慧养殖技术在奶牛生产中的应用研究进展［J］. 中国乳业，2024（06）：31-39.

［2］ 陈紫昕,孙宝丽,刘德武,等 . 奶牛智慧养殖关键技术研究与应用［J］. 中国奶牛,2024（02）：52-58.

［3］ 彭阳翔，杨振标，闫奎友，等 . 从人工到智能：牛个体识别技术研究进展［J］. 中国畜牧兽医，2023，50（05）：1855-1866.

［4］ 尼加提·夏开尔 . 电子耳标在规模奶牛场管理中的应用［J］. 畜牧兽医科技信息,2020（03）：67-67.

［5］ 刘世锋，常蕊，李斌，等 . 基于脸部 RGB-D 图像的牛个体识别方法［J］. 农业机械学报，2023，54（S1）：260-266.

［6］ Duroc Y，Tedjini S. RFID：A key technology for Humanity［J］. Comptes rendus -Physique，2018，19（1-2）：64-71.

［7］ Pacheco V M，Sousa R V，Sardinda E J，et al. Deep learning-based model classifies thermal conditions in dairy cows using infrared thermography［J］. Biosystems Engineering，2022，221：154-163.

［8］ 刘嵋 . 基于改进全卷积网络的母牛行为模式分类与监测系统研究［D］. 雅安:四川农业大学，2023.

［9］ 吴奕奇 . 基于改进 RB-LSTM 的母牛行为模式分类模型研究［D］. 雅安:四川农业大学，2023.

［10］ Yunfei W，Xingshi X，Zheng W，et al. ShuffleNet-Triplet：A lightweight RE-identification network for dairy cows in natural scenes［J］. Computers and Electronics in Agriculture，2023，

205：107632-107632.

[11] Zhi W，Fansheng M，Shaoqing L，et al. Cattle face recognition based on a Two-Branch convolutional neural network［J］. Computers and Electronics in Agriculture，2022，196：106871.

[12] Xu Z，Zhao Y，Yin Z，et al. Optimized BottleNet Transformer model with Graph Sampling and Counterfactual Attention for cow individual identification［J］. Computers and Electronics in Agriculture，2024，218：108703-108703.

[13] 张宏鸣，孙扬，赵春平，等. 反刍家畜典型行为监测与生理状况识别方法研究综述［J］. 农业机械学报，2023，54（03）：1-21.

[14] 王克俭，孙奕飞，司永胜，等. 基于时空特征的奶牛视频行为识别［J］. 农业机械学报，2023，54（05）：261-267，358.

[15] 王政，许兴时，华志新，等. 融合 YOLO v5n 与通道剪枝算法的轻量化奶牛发情行为识别［J］. 农业工程学报，2022，38（23）：130-140.

[16] Sofía P，Carlos C，Lorenzo V F，et al. Video validation of tri-axial accelerometer for monitoring zoo-housed tamandua tetradactyla activity patterns in response to changes in husbandry conditions［J］. Animals，2022，12（19）：2516-2516.

[17] Amorim M D N，Turco S H N，Costa D D S，et al. Discrimination of ingestive behavior in sheep using an electronic device based on a triaxial accelerometer and machine learning［J］. Computers and Electronics in Agriculture，2024，218：108657-108657.

[18] Tomoya T，Yuki O，Yoshitaka D，et al. Dairy cattle behavior classifications based on decision tree learning using 3-axis neck-mounted accelerometers［J］. Animal Science Journal，2019，90（4）：589-596.

[19] Leerdam M V，Hut P R，Liseune A，et al. A predictive model for hypocalcaemia in dairy cows utilizing behavioural sensor data combined with deep learning［J］. Computers and Electronics in Agriculture，2024，220：108877.

[20] Weizheng S，Yalin S，Yu Z，et al. Automatic recognition method of cow ruminating behaviour

based on edge computing［J］. Computers and Electronics in Agriculture，2021，191：106495-106495.

［21］ Electrical C O，Information N a U，Harbin 150030，China，Electrical C O，et al. Automatic recognition of ingestive-related behaviors of dairy cows based on triaxial acceleration［J］. Information Processing in Agriculture，2020，7（3）：427-443.

［22］ Yang L，Zhao J，Ying X，et al. Utilization of deep learning models to predict calving time in dairy cattle from tail acceleration data［J］. Computers and Electronics in Agriculture，2024，225：109253-109253.

［23］ Krieger S，Oczak M，Lidauer L，et al. An ear-attached accelerometer as an on-farm device to predict the onset of calving in dairy cows［J］. Biosystems Engineering，2019，184：190-199.

［24］ Peng Y，Kondo N，Fujiura T，et al. Dam behavior patterns in Japanese black beef cattle prior to calving：Automated detection using LSTM-RNN［J］. Computers and Electronics in Agriculture，2020，169：105178.

［25］ Mei L，Yiqi W，Guangyang L，et al. Classification of cow behavior patterns using inertial measurement units and a fully convolutional network model［J］. Journal of Dairy Science，2023，106（2）：1351-1359.

［26］ Peng Y，Kondo N，Fujiura T，et al. Classification of multiple cattle behavior patterns using a recurrent neural network with long short-term memory and inertial measurement units［J］. Computers and Electronics in Agriculture，2019，157：247-253.

［27］ Alsaaod M，Luternauer M，Hausegger T，et al. The cow pedogram-Analysis of gait cycle variables allows the detection of lameness and foot pathologies［J］. Journal of Dairy Science，2017，100（2）：1417-1426.

［28］ 蒋晓新，魏星远，邓双义，等. 计步器监测荷斯坦奶牛蹄病的效果［J］. 江苏农业科学，2014，42（02）：178-180.

［29］ Shogo H，Hironao O，Chie S，et al. Estrus detection in tie-stall housed cows through supervised machine learning using a multimodal tail-attached device［J］. Computers and

Electronics in Agriculture，2021，191：106513.

［30］ Manod W，Shu Z L. Classification of dairy cow excretory events using a tail-mounted accelerometer ［J］. Computers and Electronics in Agriculture，2022，199：107187.

［31］ Lardy R，Mialon M，Wagner N，et al. Understanding anomalies in animal behaviour：data on cow activity in relation to health and welfare ［J］. Animal-Open Space，2022，1（1）：100004.

［32］ Rong L，Yuchen W，Shujin Z，et al. Automated measurement of beef cattle body size via key point detection and monocular depth estimation ［J］. Expert Systems With Applications，2024，244：123042.

［33］ Zhixin H，Zheng W，Xingshi X，et al. An effective PoseC3D model for typical action recognition of dairy cows based on skeleton features ［J］. Computers and Electronics in Agriculture，2023，212：108152.

［34］ 郭阳阳,杜书增,乔永亮,等. 深度学习在家畜智慧养殖中研究应用进展 ［J］. 智慧农业（中英文），2023，5（01）：52-65.

［35］ Dihua W，Yunfei W，Mengxuan H，et al. Using a CNN-LSTM for basic behaviors detection of a single dairy cow in a complex environment ［J］. Computers and Electronics in Agriculture，2021，182：106016.

［36］ Wu D，Wu Q，Yin X，et al. Lameness detection of dairy cows based on the YOLOv3 deep learning algorithm and a relative step size characteristic vector ［J］. Biosystems Engineering，2020，189（C）：150-163.

［37］ Xuqiang Y，Dihua W，Yuying S，Bo J，Huaibo S，et al. Using an EfficientNet-LSTM for the recognition of single Cow's motion behaviours in a complicated environment ［J］. Computers and Electronics in Agriculture，2020，177：105707.

［38］ Vaswani A，Shazeer N，Parmar N，et al. Attention is all you need ［J］. Advances in neural information processing systems，2017，30：144-465.

［39］ He K，Zhang X，Ren S，et al. Deep residual learning for image recognition ［C］. Proceedings of the IEEE conference on computer vision and pattern recognition，2016：770-778.

［40］ Peng Y，Peng Z，Zou H，et al. A dynamic individual yak heifer live body weight estimation method using the YOLOv8 network and body parameter detection algorithm ［J］. Journal of Dairy Science，2024，107（8）：6178-6191.